從武松看老虎世界

嘟一嘟在正文社 YouTube 頻道
搜索「老虎骨模型」觀看
組裝過程！

老虎簡介

老虎（*Panthera tigris*）是5種大型貓科動物中體形最大。當中可分成不同的亞種，主要分佈在印度、東南亞及俄羅斯遠東沿岸地區等地。

老虎利用發達的
後肢撲向獵物。

故事中的大壞蛋？

不少故事中，老虎都被描述為會吃人的禍害，例如《世說新語》中的「周處除三害」、《水滸傳》中的「武松打虎」等。可是老虎真的是禍害嗎？稍後自有分曉！

立即看老虎品種的分佈圖！

野生老虎分佈圖

過去的分佈範圍
現在的分佈範圍
† 已絕種

西伯利亞虎
曾分佈於黑龍江及朝鮮半島一帶，現分佈於俄羅斯濱海省及哈巴羅夫斯克。

†波斯虎
居於中亞一帶，估計於 1970 年代已絕種。

華南虎
曾經在華中及華南見其蹤影，現在可能已於野外絕種。

印支虎 / 馬來虎
出沒於中南半島及馬來半島。

孟加拉虎
目前分佈最廣的老虎，在印度、孟加拉、尼泊爾、不丹一帶都能找到其蹤影。

†峇里虎
峇里島上的老虎，估計於 1930 年代絕種。

蘇門答臘虎
蘇門答臘島上獨有的品種。

†爪哇虎
爪哇島上的老虎，估計於 1970 年代絕種。

那武松打的該是華南虎吧？

應該是，但不論甚麼種類，牠們都懂得在晚上偷襲獵物呢！

晚上偷襲的能力

老虎在日間和晚上也會狩獵。牠們單獨行動，先靜悄悄地儘量接近目標，然後奮力一撲，嘗試咬着獵物的頸。相比其他貓科動物，老虎的短跑速度不算高，不及獅子和獵豹等。

豹 58-60km/h
老虎 48-65km/h
美洲獅 80km/h

快　　短跑速度

盛宴與饑餓

雖然老虎兇猛，但狩獵成功的機率實際上只有 5% 至 10%。牠們平均 1 星期會有 1 次狩獵成功，所以跟其他動物一樣常要捱餓。因此，當老虎抓到獵物，便會將其藏起來「享用」，一次過大量進食達 40 公斤的肉，吃剩的則繼續藏起來，留待餓了再吃。

此外，老虎每天須睡 18 至 20 小時。這樣可減少能量消耗，較易捱過饑餓時期。

Photo credit：
“Tiger eating in the snow” by Tambako The Jaguar/CC BY-ND 2.0
https://www.flickr.com/photos/tambako/494144266/in/photostream/
“Sleeping tiger” by Rick Smit/ CC BY 2.0
https://commons.wikimedia.org/wiki/File:Sleeping_tiger.jpg

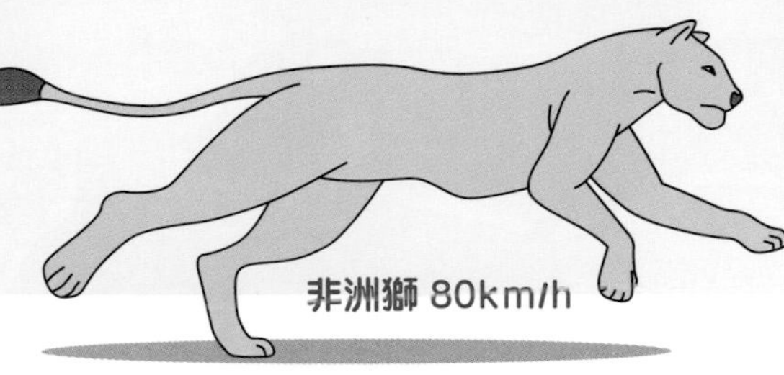

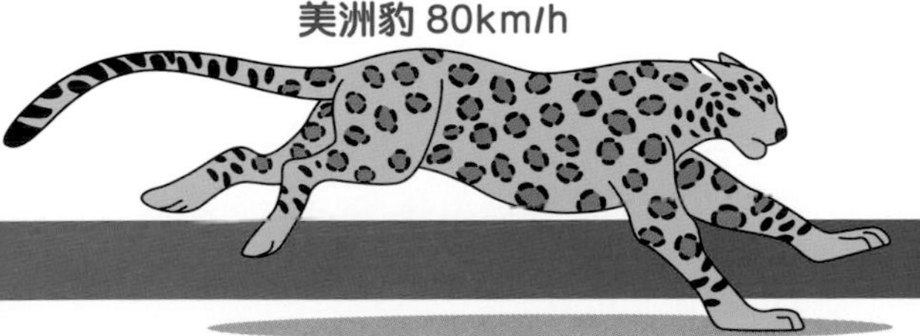

慢着，白天去打老虎大概會發生這樣的事……

有關老虎的錯誤概念

▲老虎的習性會隨環境而變，不一定在晚上才狩獵，有時也會在日間行動。

▲老虎不會主動獵殺人類，而是選擇避開，但若避無可避，仍會選擇攻擊。另外，老虎可能因患病或受傷，無法正常狩獵其他動物，亦會選擇攻擊人類。

武松不是有武器嗎？擋住老虎的攻擊就行啊。

成年老虎的體重由90公斤至300公斤不等，撲向獵物時的衝擊力非常大，一般人不可能擋住。

老虎的體重和力量這麼大，哪能擋住？

老虎有明顯的兩性異形(Sexual dimorphism)，雄性的體形比雌性大，也較雌性重50%至70%。

老虎符合伯格曼法則(Bergmann's rule)，即同一種類下的不同品種，若其生活地區愈寒冷，體形就愈大。所以東北虎的體形最大，蘇門答臘虎則最小，只是其雌性也重達90公斤！

掌力及咬合力

老虎除了撞擊力驚人，其揮掌及噬咬的力量也不容小覷。

掌力排行榜

老虎
每平方米 300-1400 公斤

非洲獅
每平方米 200-1200 公斤

大灰熊
每平方米 300-1000 公斤

咬合力排行榜

鱷魚
每平方厘米 260-350 公斤

河馬
每平方厘米 130 公斤

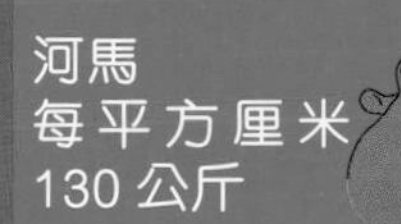

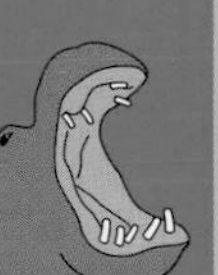

老虎
每平方厘米 70 公斤

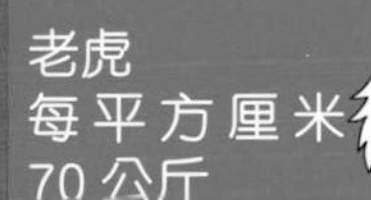

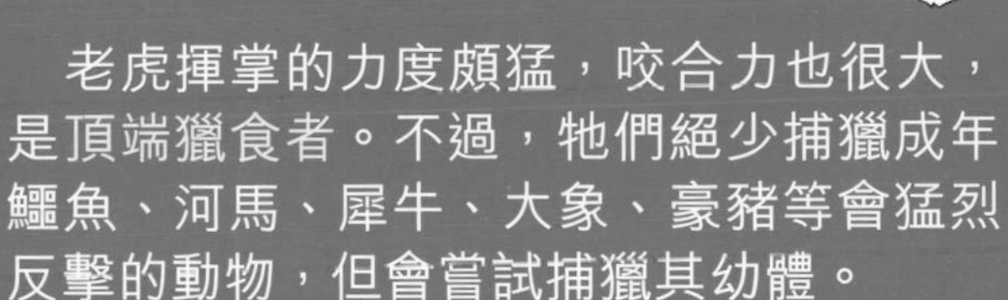

老虎揮掌的力度頗猛，咬合力也很大，是頂端獵食者。不過，牠們絕少捕獵成年鱷魚、河馬、犀牛、大象、豪豬等會猛烈反擊的動物，但會嘗試捕獵其幼體。

愛游泳的貓科動物

打不過就跳進水裏逃吧！

老虎是游泳高手，跳進水裏也逃不掉啊。

為甚麼要獵殺老虎？

雖然老虎一般不會主動攻擊人類，但人類卻會因各種不同原因而獵殺老虎。

►大規模伐木令老虎的自然生境愈來愈小，於是人虎相遇的機會增加，偶爾引發老虎襲擊人類的事件，令人類認為老虎有害而將其殺害。

◄老虎的皮、肉、牙齒等可成為高價商品。即使不少國家已明文禁止獵殺老虎，仍會有人盜獵圖利。左圖都是被充公的非法老虎商品。

保護老虎及其他動物的工作

過去一世紀，野生老虎被過度捕獵，幸好在近數十年的保育下，數量才得以維持約 4500 隻。除老虎外，其他有價值的動物也會被盜獵，因此不少國家公園及野生保育區都有巡邏員保護野生動物。由於盜獵者通常都有武器，因此巡邏員也須武裝及接受軍事訓練。

▼一名烏干達的野生動物保育員正在一個訓練營的畢業禮上，模擬將受傷的同袍拖離前線。該期訓練營共有25名保育員畢業。

保育戰場

一些盜獵猖獗的地方往往伴隨戰亂，巡邏員隨時有被槍殺的危險。此外，他們也會因經費問題而裝備不足，令問題雪上加霜。

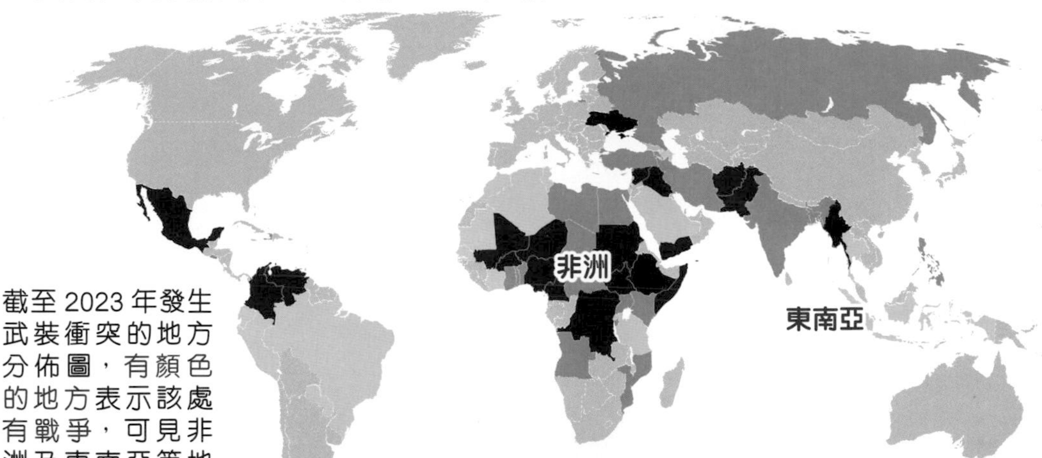

截至2023年發生武裝衝突的地方分佈圖，有顏色的地方表示該處有戰爭，可見非洲及東南亞等地目前都有戰亂。

東南亞的保育地區亦因地區內的衝突及經濟問題，長期需面對盜獵問題。盜獵目標包括亞洲象、老虎、犀牛、緬甸蟒等動物。

非洲不少國家公園都有嚴重的盜獵問題，這些問題亦因非洲各處的戰亂而難以解決。盜獵目標包括非洲象、犀牛、山地大猩猩、非洲獅等動物。

小◀◀衝突規模▶▶大
(以死亡人數為標準)

要解決盜獵問題，除了籌措經費為巡邏員添置裝備，更重要的是從根源解決盜獵者出現的問題。

以非洲歷史最悠久的維龍加國家公園為例，不少盜獵者其實是為求生計而別無選擇。因此該園除了增添裝備，亦發展水力發電及觀光業，致力將國家公園發展成可賺錢的事業，為當地人帶來就業機會。如此一來，就有望令盜獵者人數減少。

◀這些是瀕危的山地大猩猩，牠們居於剛果民主共和國的維龍加國家公園。此處長期經歷內戰，光是在2020至2021年，就有超過20名保育人員被民兵槍殺。

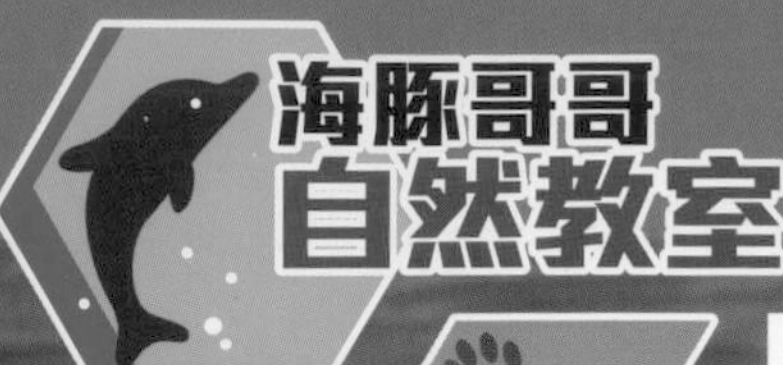

人生必做的事——考察中華白海豚

能近在咫尺地親眼看到海豚，真是愉快！為保護牠們，我們應愛護海洋，減少污染！

謝謝大家出海探望，以及了解我們的最新狀況！

中華白海豚（Chinese White Dolphin，學名：*Sousa chinensis*），全身呈粉紅色，喜於近岸的鹹淡水交界生活，是很獨特和漂亮的海豚品種。香港只餘下約 40 條，主要分佈在西面水域，壽命可達 40 歲。

© 海豚哥哥 Thomas Tue

出海前，我們須先了解天氣、風向、水流和潮汐漲退，加上多年經驗分析，務求判斷出最佳的航行路線。感恩的是，在我的紀錄中有 98% 機會成功找到海豚！

在船上，我們會先介紹中華白海豚及講解其近況。到達其棲息地時，大家盡量減少移動，靜靜欣賞或用相機記錄。按現場實況，我會指導大家捕捉白海豚的動態，令大家拍攝最好的畫面。

© 海豚哥哥 Thomas Tue

有時白海豚跳出水面，在空中呈現優雅的姿勢，再重重落回水中！那一刻我們感受到的不僅是驚喜，還有對這些美麗創造物的敬畏。

© 海豚哥哥 Thomas Tue

歡迎大家參與 6 月至 7 月份的中華白海豚考察，詳情請瀏覽網址：https://eco.org.hk/mrdolphintrip

海豚哥哥簡介

自小喜愛大自然，於加拿大成長，曾穿越洛磯山脈深入岩洞和北極探險。從事環保教育超過 20 年，現任環保生態協會總幹事，致力保護中華白海豚，以提高自然保育意識為己任。

兒科太空總署準備把太空人愛因獅子發射至月球，但他們忘記了把鑰匙插至哪個位置才能啟動裝置，於是只能逐一嘗試。

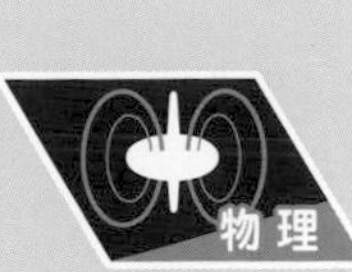

哇！

正文社 YouTube 頻道

嘟一嘟在正文社 YouTube 頻道搜尋「#218DIY」觀看製作過程！

製作難度：★★★☆☆

製作時間：約 45 分鐘

彈射太空桶

玩法

把軸心按向下，使其勾住內部的機關，並把角色紙樣放置於軸心上方。

每人輪流插入鑰匙，當刺中開關時，就會把愛因獅子彈飛！

可轉動桶身，改變開關位置！

製作方法

⚠請在家長陪同下使用刀具及尖銳物品。

工具：剪刀、界刀、間尺、膠紙、白膠漿、大頭釘

材料：紙樣、A3 硬卡紙 2 張、A3 瓦通紙 1 張、橡皮筋 2 條、雪條棍 10 條、竹籤

1 掃瞄 QR Code，並列印附加教材。

2 如圖黏合角色及座位紙樣。

3 除桶身紙樣之外，把所有紙樣貼在硬卡紙上，然後修剪。

4 用界刀在內軸心、外軸心和固定器上輕劃出摺痕，並用大頭釘開孔，再用間尺摺疊。

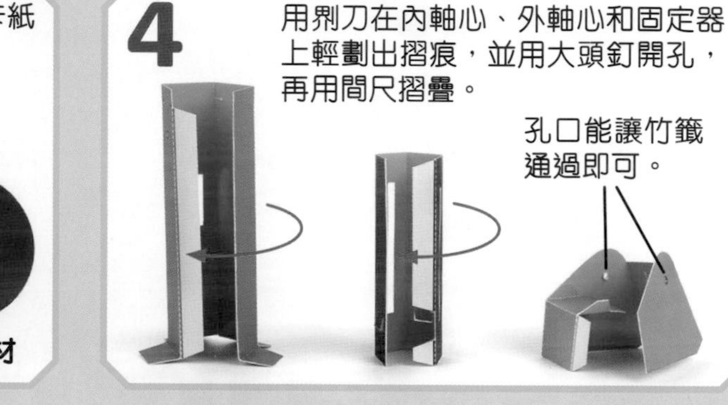

5 黏合內軸心、外軸心和固定器。

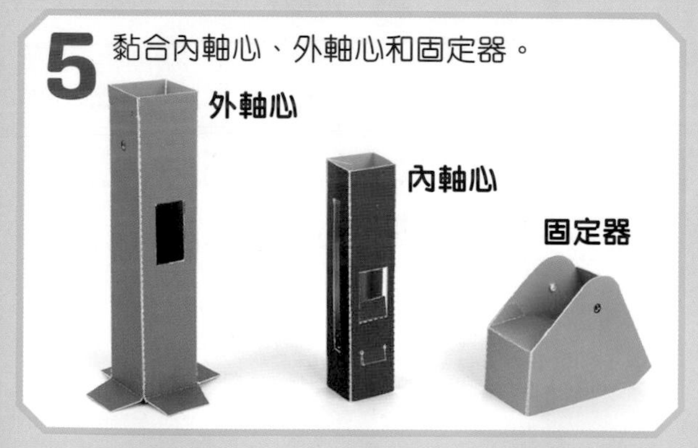

6 如圖把三角鈎套進固定器內。

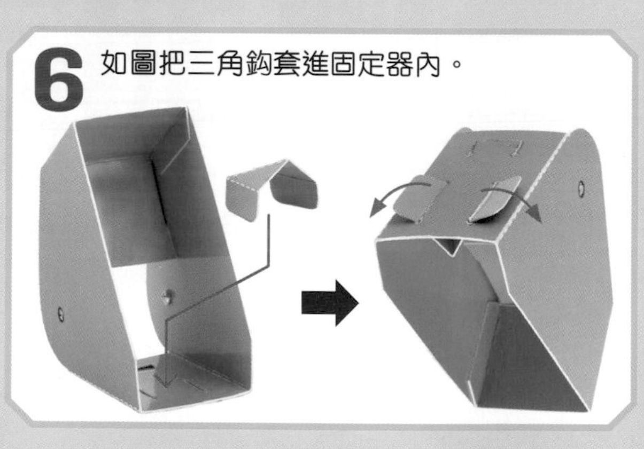

7 如圖把一條橡皮筋套進內軸心的兩個孔口。

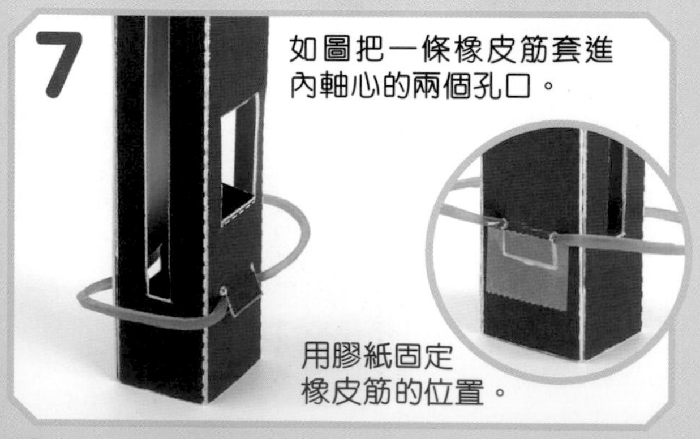

8 如圖把內軸心的橡皮筋套進外軸心裏。

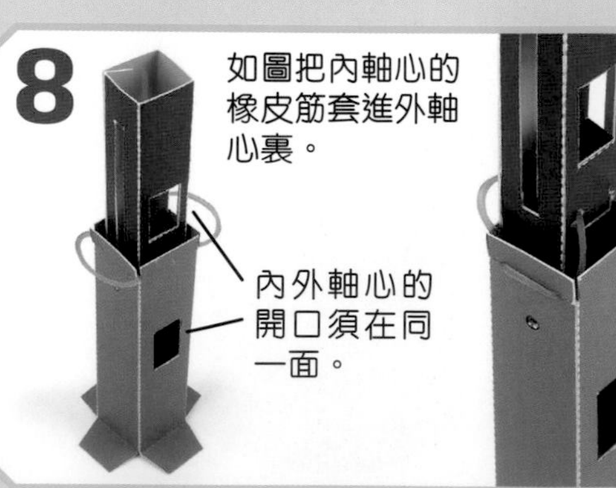

9 如圖將固定器套至軸心外，並用竹籤穿過固定器、外軸心及內軸心，再剪去多餘的部分。

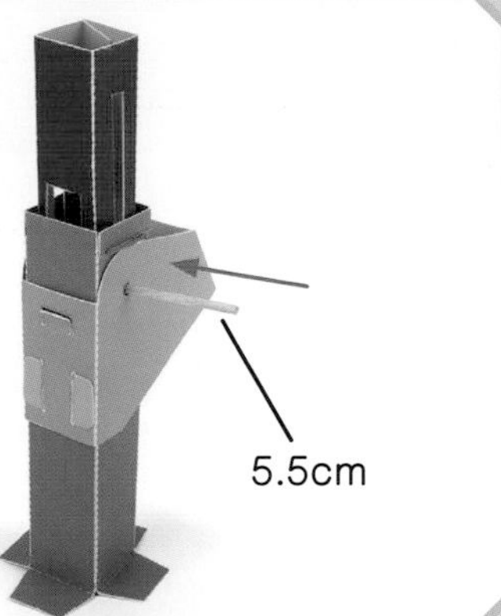

10 如圖把橡皮筋套進固定器和外軸心中。

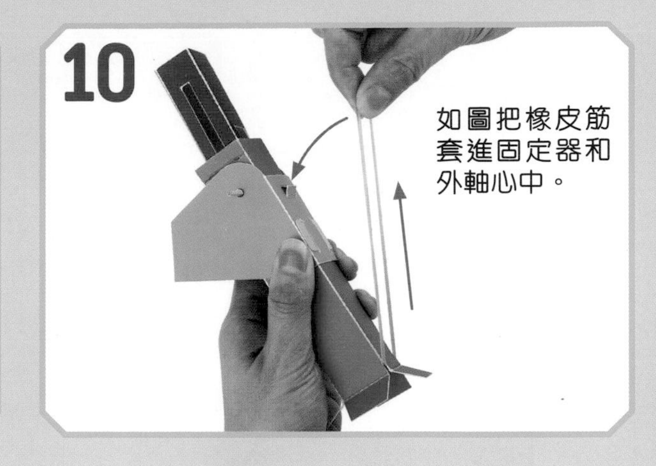

11 按下內軸心，測試能否勾住三角鉤。

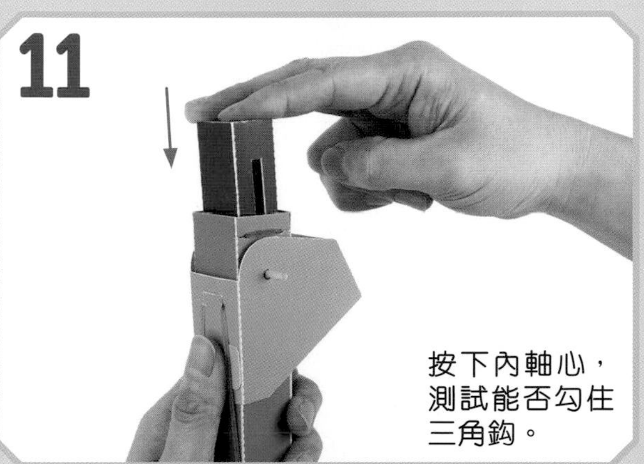

12 如圖按固定器的發射位置，測試內軸心能否彈出。

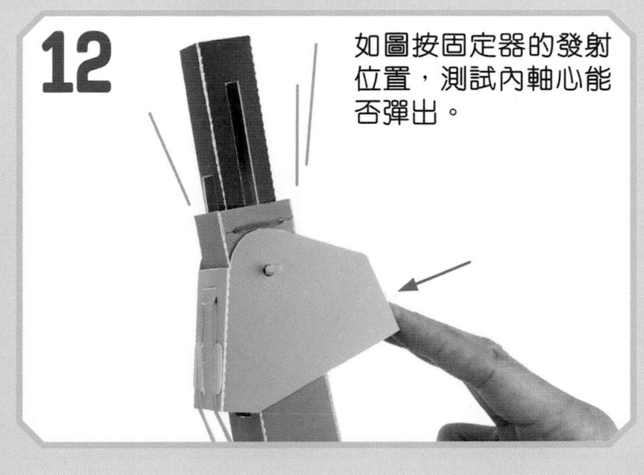

13 黏合軸心及底座，並把桶頂套至軸心上。

14 把兩張桶身紙樣如圖黏合至瓦通紙的上方，並用𠝹刀開孔。

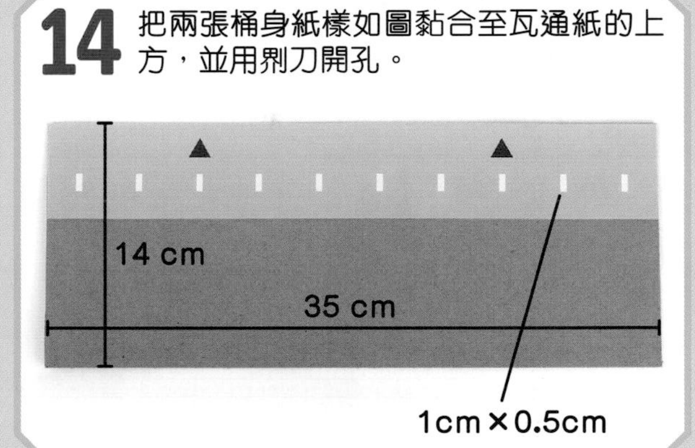

15 如圖用膠紙黏合桶身。

16 把桶身套至軸心外，並把愛因獅子放置軸心上方。

能量轉換的運作

1 按下軸心時，會拉長橡皮圈。

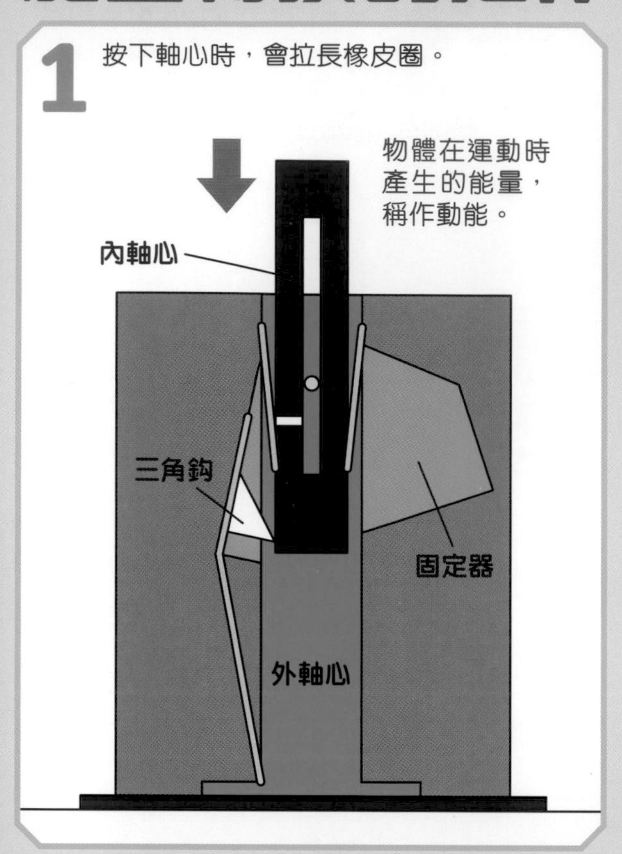

2 三角鈎能固定內軸心的位置，並讓橡皮筋維持緬緊狀態，當中的動能儲存成彈性位能。

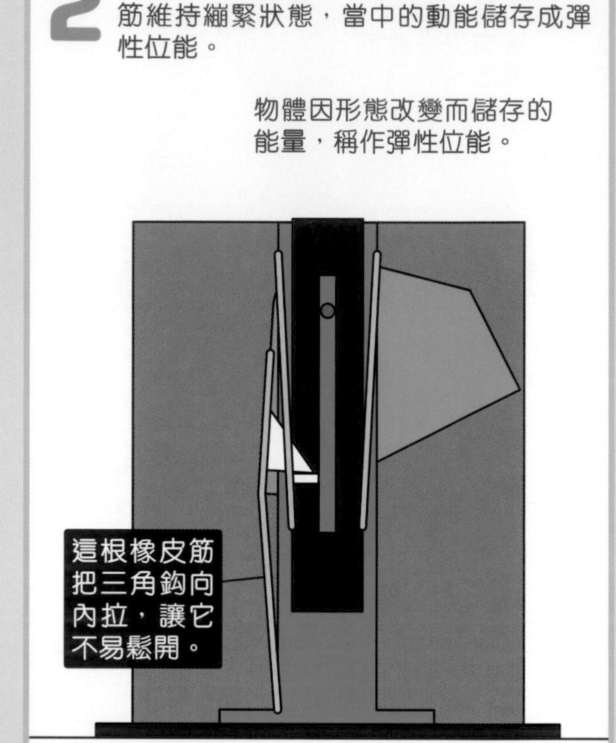

3 當雪條棍刺中開關，便鬆開三角鈎，釋放橡皮筋所儲存的彈性位能，並轉換為動能，使內軸心向上彈。

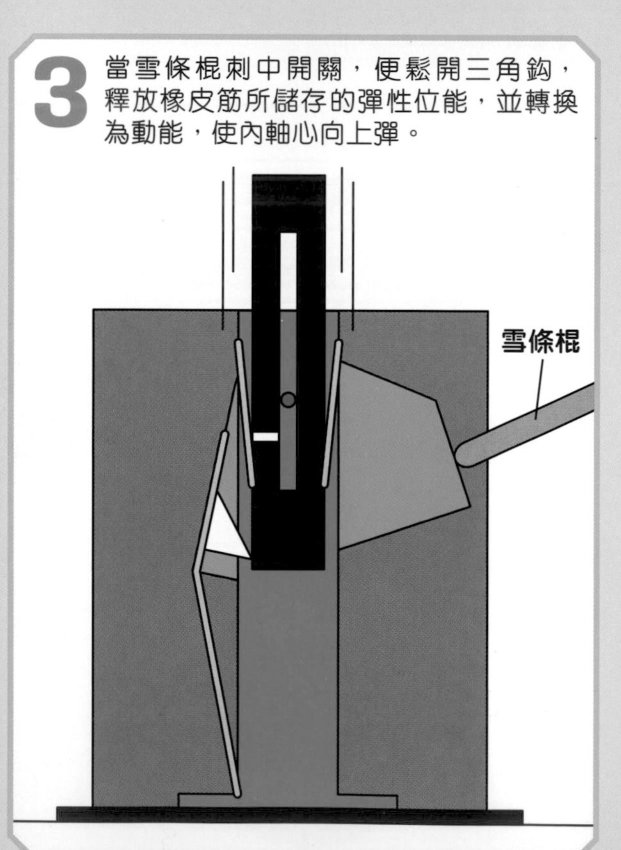

4 內軸心上升，進而彈飛角色紙樣。

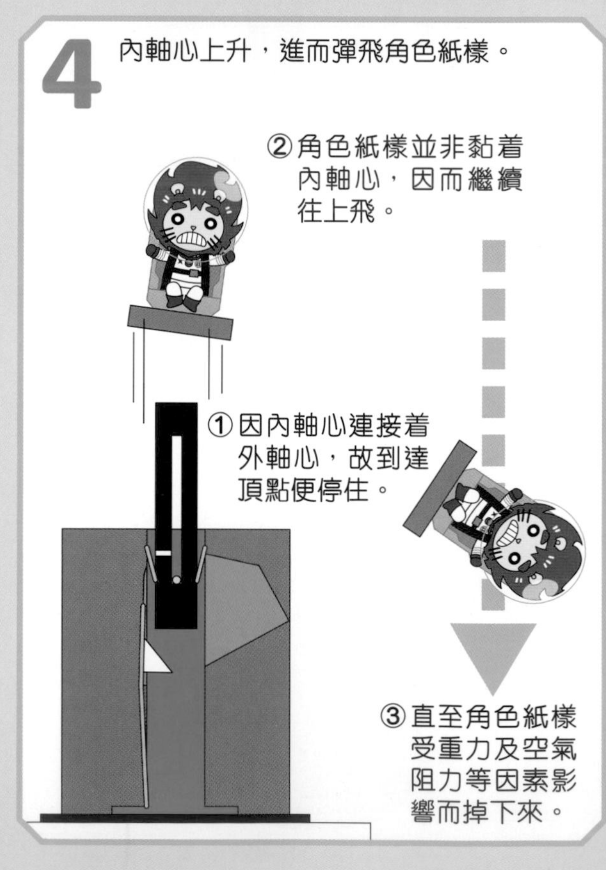

紙樣

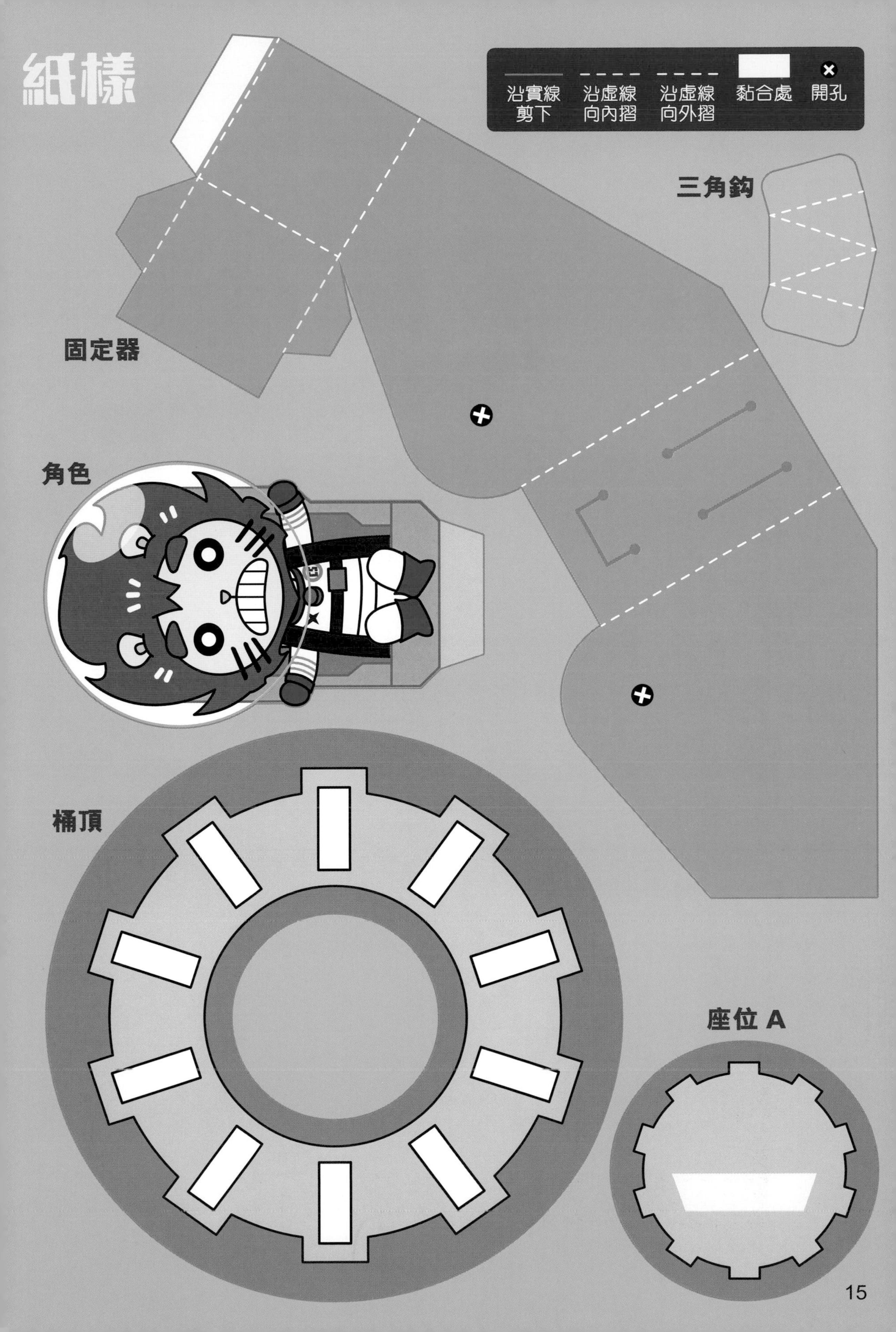

兒童的科學

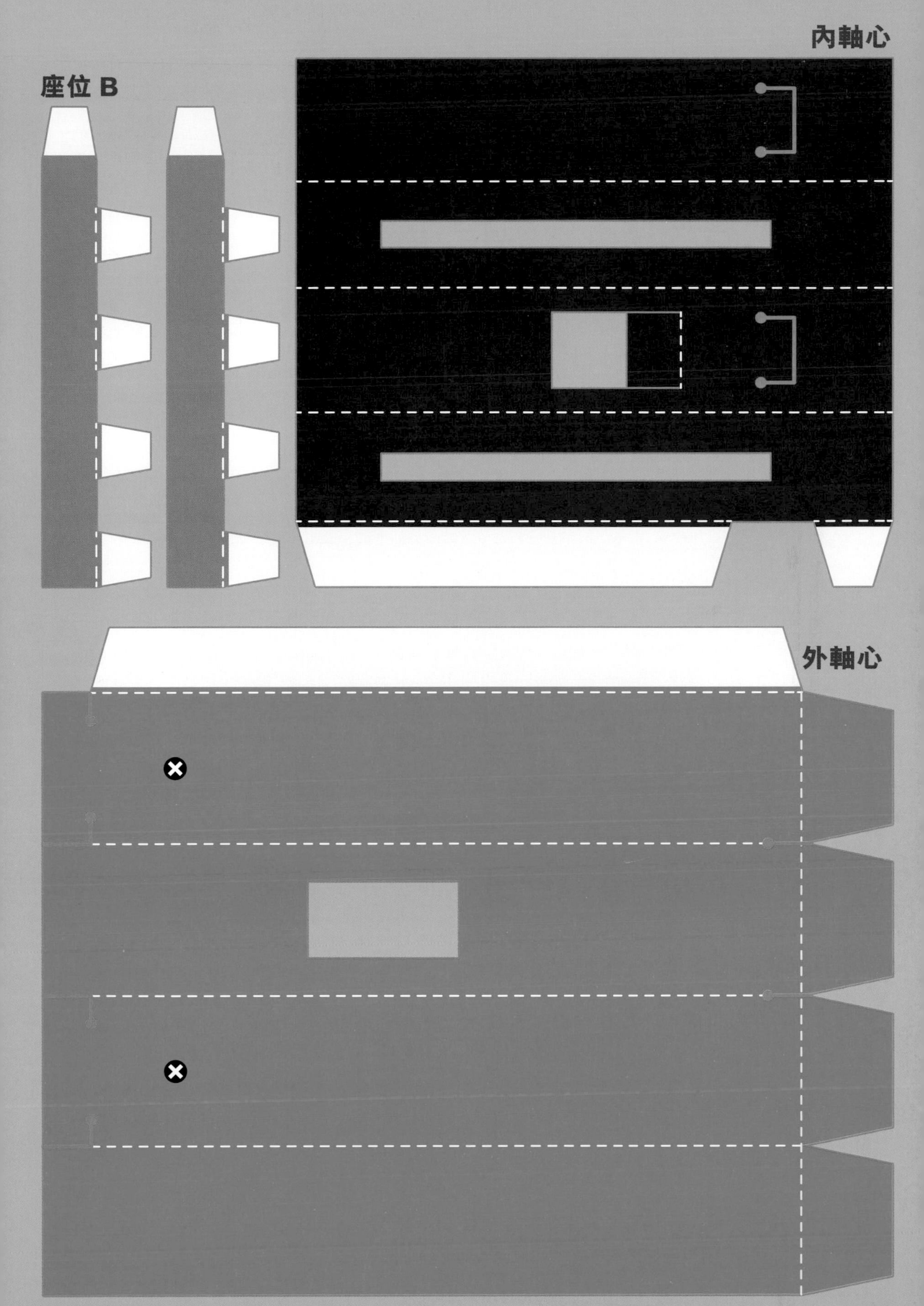
內軸心
座位 B
外軸心

科學實驗室

數學 動物

是男？是女？西遊記之基因小遊戲

唐利略、獅悟空、豬倫倫和沙迪蛙前往西天取經。有一天，他們在荒漠走了一整天後，在日落前來到女兒國附近的一條河。他們決定在河邊休息，待翌日才過河入城。

遺傳小遊戲

女兒國女多男少，為了維持人口，只能借子母河之力生育後代。

你們認為是甚麼原因呢？

材料：顏色卡紙（或其他卡牌）

⚠裁剪卡紙時請在家長或大人陪同下使用刀具。

1 先準備兩款顏色、一共 4 張卡牌。本示範使用橙色和綠色，橙色卡 1 張，綠色卡 3 張。把卡牌分圖分成 2 組。

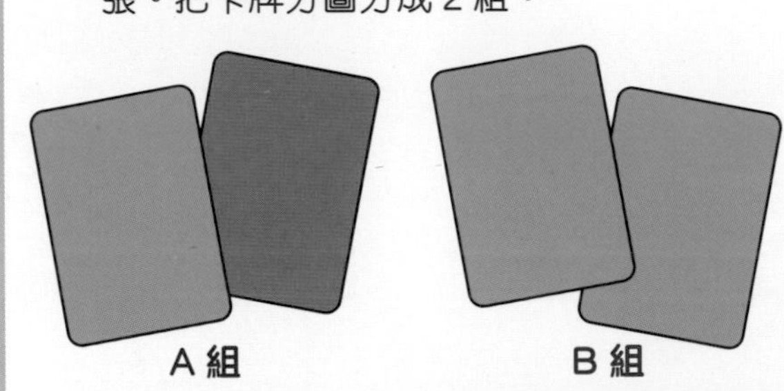

2 將 A、B 兩組卡牌翻轉、洗牌，然後從各組抽一張出來，記錄新組成的卡組顏色。

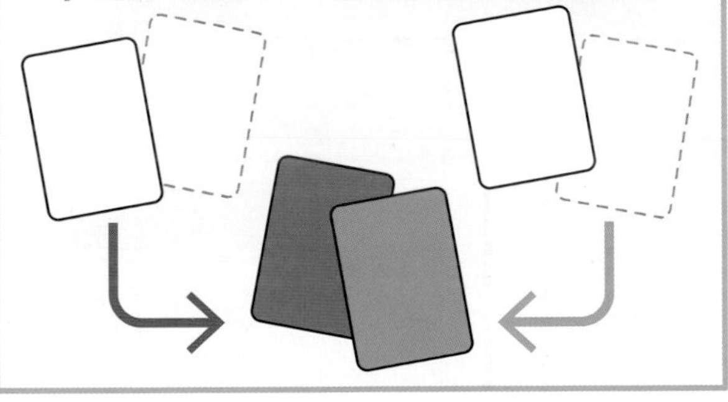

3 重複步驟 2 最少 30 次，把每次的結果都記錄下來。

1	6	11	16	21	26
2	7	12	17	22	27
3	8	13	18	23	28
4	9	14	19	24	29
5	10	15	20	25	30

這遊戲模擬 DNA 如何遺傳給下一代，也是人類性別的決定機制。

甚麼是 DNA？

DNA 是「Deoxyribonucleic Acid」的簡寫，中文則譯作「去氧核醣核酸」，由於中英文名都太難讀，所以簡稱 DNA。DNA 可說是所有生物的「設計圖」，決定了生物的先天特徵。例如人類有 2 隻手而非 8 隻、牛長有牛角等，統統都是 DNA 決定的。

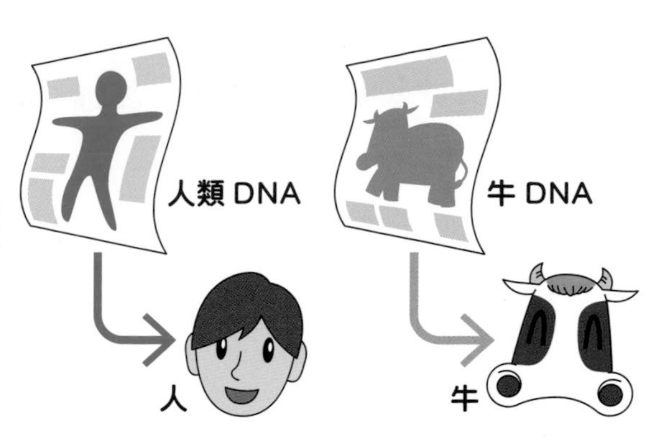

DNA 長甚麼樣子？

DNA 是一條鏈形化學分子，其中人類的 DNA 總長度有 2 米。要把這些長鏈都放在細胞裏，就須分成數段，並加以高度壓縮，放在 46 條染色體內。

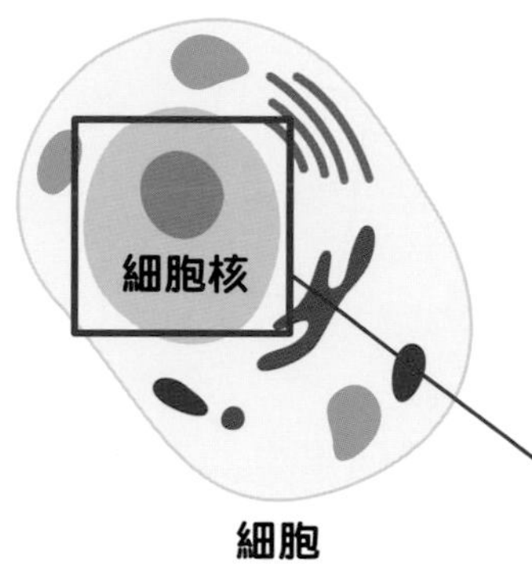

▼染色體位處細胞核內，平時是連用顯微鏡都看不到的。只有當細胞快要分裂時，才會看到這模樣的染色體。

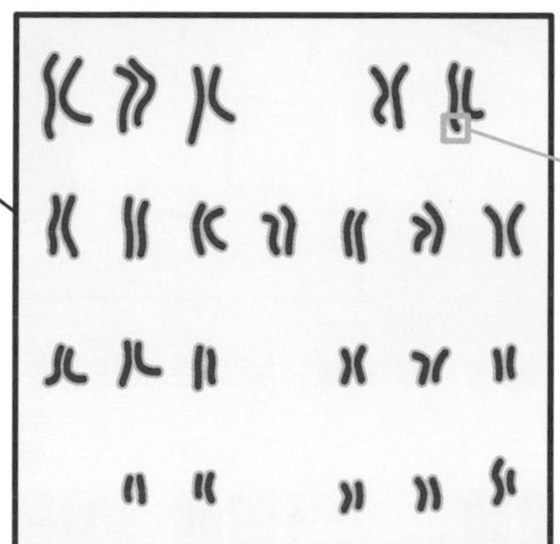

DNA 鏈可再分段，這些段就是基因（基本遺傳單位）。

▲染色體可被看見，是因鏈狀的 DNA 高度壓縮成一小塊。

生男生女如何決定？

46 條染色體可分成 23 對，每對 2 條，當中 1 條來自媽媽，1 條來自爸爸。而決定性別的就是第 23 對染色體。在正常情況下，這對染色體有 2 個組合：

爸爸

男性有 1 條 X 染色體和 1 條 Y 染色體。

媽媽

女性有 2 條 X 染色體，沒有 Y 染色體。

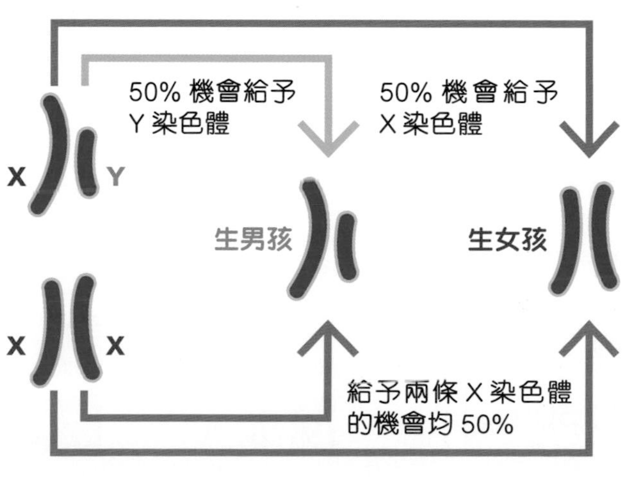

左頁的抽牌遊戲就是模擬父母將染色體遺傳給下一代的過程。綠色牌代表 X 染色體，橙色牌則代表 Y 染色體。這個過程大致上是隨機的，因此生男孩和女孩的機率應接近 50%，這跟抽牌遊戲的結果相近。

顯性與隱性遊戲

材料：遺傳遊戲用的卡牌

原來如此，那為甚麼女兒國卻不是男女各佔一半呢？

原因有很多，遺傳病是其中一個因素。

1 跟上一個遊戲一樣，把卡牌分成 2 組。不過這次在 B 組的 2 張綠色牌中，其中一張加上記號。

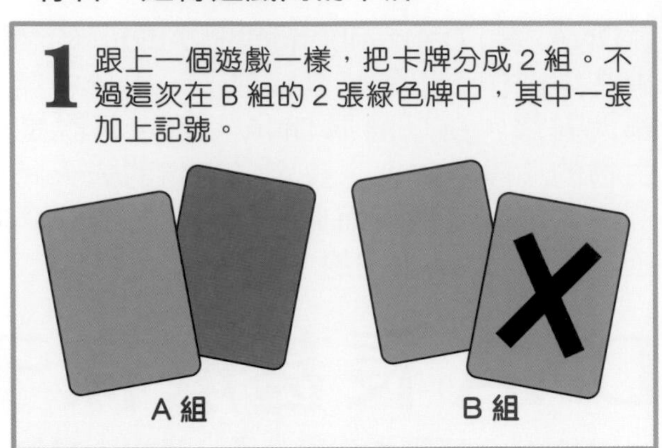

2 兩組各自洗牌，然後從兩組各抽一張牌。

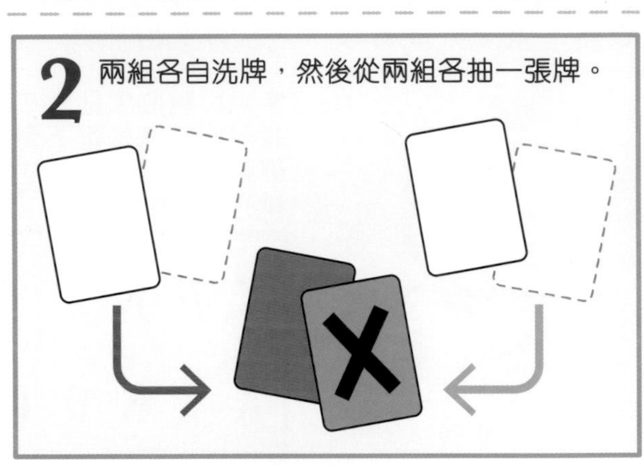

3 同樣抽 30 次，記錄結果，這次將男性組別（橙 + 綠）和女性組別（綠 + 綠）分開。

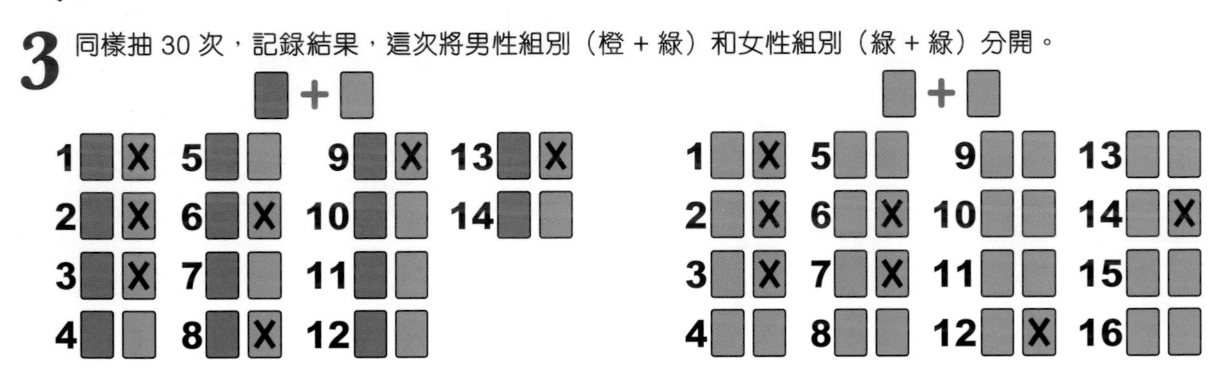

抽牌結果大解讀

由以上實驗可見，所得組合有 4 種：

有時候，正常基因對人體的影響會蓋過致病基因，因此前者是顯性基因，即容易顯露其特性；後者則是隱性基因，即隱藏起來不易示人。換言之，最少有一條 X 染色體的基因正常時，那人就不會發病。

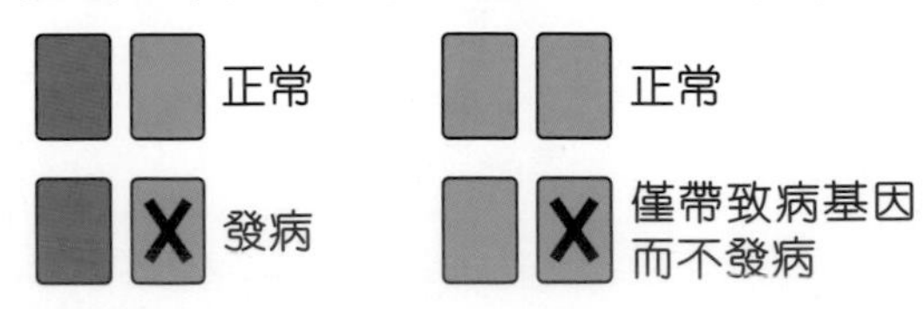

常見的X染色體相關遺傳病

- 紅綠色盲
- 葡萄糖六磷酸去氫酵素缺乏症（G6PD）
- 甲型血友病
- 乙型血友病

大家也可改變A、B兩組卡牌的組合，再觀察其抽牌結果分佈，通常大致如下：

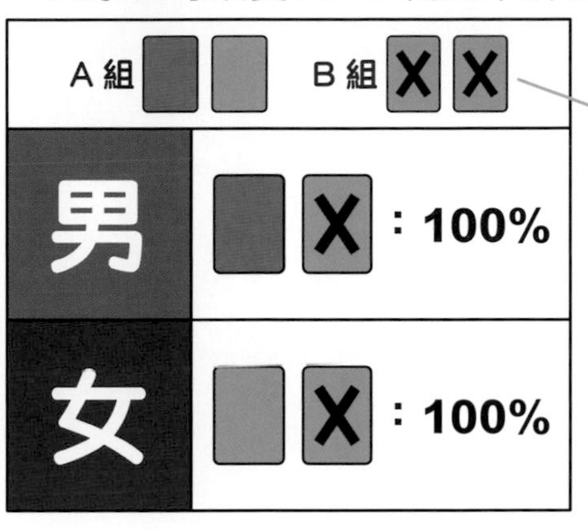

A組	B組 X X
男	X ：100%
女	X ：100%

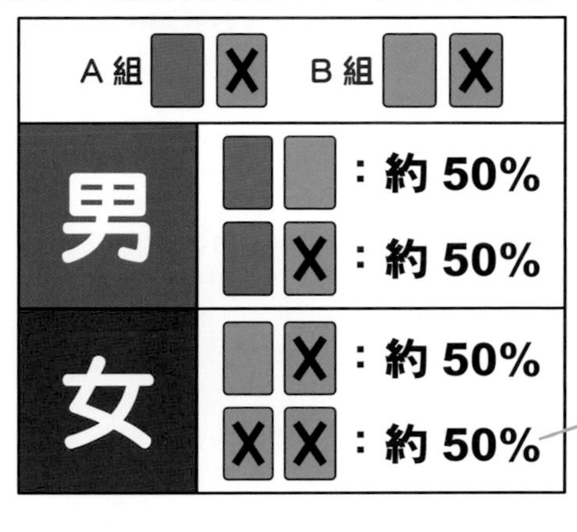

A組 X	B組 X
男	：約50%
	X ：約50%
女	X ：約50%
	X X ：約50%

從以上3組抽牌結果可見，當遺傳病是由X染色體有異而引起、致病基因又是隱性時，男性的發病機率高於女性。

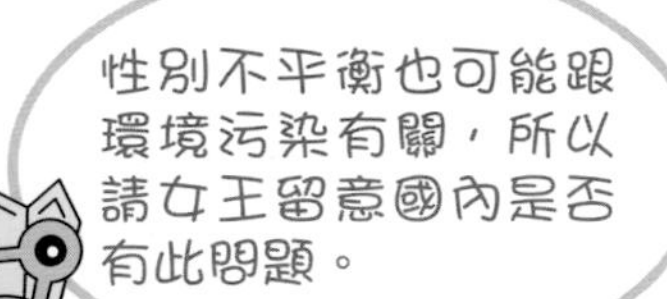

現實中的性別不平衡

當然，現實中較常見的現象反而是男嬰比女嬰稍多，其比例大約為每100個女嬰對105個男嬰。當中有自然原因，如男性較易因傳染病而死亡，故此會生較多男嬰來維持平衡。此外亦有人為原因，如重男輕女的觀念導致女嬰得到的照顧較少，因而死亡率較高。

LEGO® Robotics Advance
機械人進階編程解難（9-12歲）

相撲橫綱

課堂內容

課堂以研究學習的形式，挑戰不同類型LEGO®機械人競賽作培訓內容，每名學員將在專業的導師指導下獨立完成機械人搭建、程式設計及比賽策略的部分，以高階比賽形式培訓，加強學員的邏輯思維、批判性思維及解難能力。

機械人設計

為實踐不同功能，學生需自行構思及組裝機械人。透過不同的資料蒐集、組織與分析，以最理想設計挑戰主題任務。

編程

當學生進行編程的時候，需在主機設計及編程內容之間互相配合，在計算距離、時間及力道方面，學生們透過不斷測試及改良，達到更準確和穩定地獲得分數。

7-8月暑期工作坊

課堂時段：
星期一至五 11:30 - 12:30 /
星期一至五 16:00 - 17:00

暑期工作坊報讀

9月恆常課程

課堂時段：
星期六 11:00 - 12:30 /
星期日 11:00 - 12:30

恆常課程報讀

SPIKE PRIME　EV3

更多影片

2728 8699　Pigeon City 博思創意　pigeoncitycreative　九龍彌敦道794-802號協成行太子中心805室

大偵探福爾摩斯 SHERLOCK HOLMES

科學鬥智短篇57 1英鎊謀殺案(2)

厲河=小說 鄭江輝、陳秉坤=繪

陳沃龍、徐國聲=着色

福爾摩斯 精於觀察分析，曾習拳術，是倫敦最著名的私家偵探。

華生 曾是軍醫，樂於助人，是福爾摩斯查案的最佳拍檔。

上回提要：

6月6日（星期二），一名獨居老人被硬物重擊額頭後，死於其鄉郊小鎮雷克曼的一幢獨立屋中。離奇的是，兇案現場的臥室門窗俱被反鎖，也沒發現致命兇器。李大猩和狐格森為此到貝格街221B求教，指出死者口袋中有20張1英鎊的鈔票，最近又用一疊這個面額的現鈔買了一部留聲機。但他沒存款，沒銀行戶口，也沒有工作，錢從何來？此外，他每個月的第一個星期一都會去倫敦一次，所為何事？福爾摩斯雖然臥病在床，卻僅憑這些蛛絲馬跡，就作出了令人訝異的推論……

「**1鎊。**」福爾摩斯輕輕吐出一句。

「甚麼？還未夠10分鐘啊！這麼快就加錢了？」狐格森抗議。

「不。」福爾摩斯在枕頭上挪動了一下脖子，仍閉着眼睛說，「我說的是那些**1鎊鈔票**。」

「1鎊鈔票又怎樣？有甚麼意思？」李大猩緊張地問。

「那些鈔票是關鍵，已道出了兇手的**犯案動機**。」

「甚麼動機？」

「**勒索！**」福爾摩斯突然睜開眼睛，在了無生氣的瞳孔下閃過一下寒光，「那些1鎊鈔票已證明，這是一宗勒索案。死者**貪婪過度**，結果**死於非命**！」

「為甚麼這樣說？」華生問。

「首先，我們必須先問以下幾

個問題。」福爾摩斯説。

① 死者買留聲機時，為何以一疊**1鎊現鈔**付款？

② 他口袋中的20鎊現鈔，為何也是面額**1鎊的鈔票**？

③ 死者沒有工作、沒有存款和銀行户口，他的**錢從何來**？

「啊……」李大猩想了想，「你的意思是，他的錢是勒索得來的？」

「沒錯。」

「但也可能是**親戚朋友**接濟呀。」華生提出異議。

「你剛才沒留心聽嗎？」福爾摩斯半開的眼睛瞅了華生一眼，然後看着孖寶幹探説，「他們已調查過，説死者**沒有甚麼朋友**呀。而且，就算有親戚朋友接濟，為何只給他面額1英鎊的鈔票呢？」

「可是，如果是勒索的話，死者也沒有必要只收1鎊的鈔票呀。」華生並不服氣，繼續挑戰老搭檔的推論。

「嘿嘿嘿，説得好！死者確實沒有這個必要，可是，對**被死者勒索**的人來説，或許就有這個必要了。」

「為何這樣説？」狐格森問。

「因為，被勒索者一定有甚麼**把柄**給死者抓住了，必須確保死者收到掩口費後也低調地生活。」福爾摩斯説，「因此，死者如使用面額大的鈔票會**太過張揚**，令人懷疑沒有收入的他何來大鈔。反之，小面額的1鎊鈔票就不會惹人注目了。不過，被勒索者卻沒料到，以小面額的鈔票去買留聲機這類貴價物品卻**弄巧成拙**，反而引人懷疑。」

「唔……你這麼説的話，確實有道理。」華生點點頭，但仍不放棄質疑，「但單憑這一點，

也不能**一口咬定**這是一宗因勒索引起的謀殺案啊。」

「嘿嘿嘿，你以為我單憑這一點就作出這個推論嗎？」

「啊？難道還有其他線索？」李大猩着急地問。

「沒錯！」福爾摩斯突然「**嗖**」的一聲舉起食指說，「**1鎊！**」

「1鎊？甚麼意思？」狐格森不明所以。

「超時1分鐘，加收超時費1鎊呀。」

「哎呀！」狐格森大吃一驚，「別再**拐彎抹角**拖延時間，快說出你發現的其他線索吧！」

「死者的傭人發現他的屍體時，是6月6日上**星期二**，又說他每個月的第一個星期一準會去倫敦一次。這——其實是一條非常決定性的線索呀！」

「甚麼意思？快說！」狐格森惟恐又再超時，慌忙催促。

「**6月5日**是6月的第一個星期一，就是說，死者當天去過倫敦。他在**6月6日**卻慘遭毒手，而口袋中留下了20張面額1鎊的鈔票。這正好表明，他去倫敦是為了收取**勒索款**。」說到這裏，福爾摩斯的眼底突然寒光一閃，「也就是說，死者的勒索並不是一次性的行為，而是**長期**和**定期**的苛索。他每個月頭的星期一去倫敦，就像上班族在月頭領薪水那樣，是為了去領取勒索款。這對被勒索者來說，那是看不到盡頭的負擔，心理壓力之大可想而知！」

「啊……」華生說，「所以，被勒索者在沒法承受這個壓力下，就動了殺機，製造出這起**密室殺人事件**了！」

「對……」這時，福爾摩斯彷彿已用盡了氣力似的，緩緩地閉上眼睛說，「不過……我並不明白，兇手如何……在密室殺人

呢？更重要的是，他為何要在一個……**密閉的空間**殺人呢？」

聞言，李大猩和狐格森也不禁歪起頭，說不出個所以然來。

哈斯勒在院子裏一邊喝着咖啡，一邊裝作**若無其事**地看着早報。不過，就連他自己也感覺到拿着咖啡杯的右手在微微**顫抖**。他悄悄地從報紙後伸高頭，往忙於打理花圃的妻子瞥了一眼。

「看來吉娜並無察覺我這幾天的異常。」哈斯勒放下**心頭大石**，又悄悄地把視線移回報紙上，急急掃視版面上的報道，「唔……？這版沒有……」

他輕輕放下咖啡杯，**不動聲色**地翻到下一版去。

「這版也沒有……」這時，他已感到有點兒**口乾舌燥**，不由自主似的再翻到下一版去。

「啊……這版也沒有……」他「**咕嘟**」一聲吞了一口口水，猶豫了片刻，才能鼓起勇氣翻到下一版去。

「這版不會……」他的視線在報紙上遊走，突然，版面角落的兩行小標題闖入眼簾，驀地，他感到心臟已怦怦作響！

小標題寫着：「**雷克曼離奇命案，老人命喪密室**」。

不一刻，他感到一陣暈眩，眼前的報紙已變得一片模糊，一幕幕與布蘭特交手的場面霎時在腦海中閃現……

「上次在孫子的學校附近碰到你後，我已做了盡職審查。」布蘭特一邊拉開**摩天輪**吊廂的門，一邊走進去坐下來說。

「**盡職審查**……」

聽在耳裏，哈斯勒感到既熟悉又陌生。這是他與布蘭特一起在銀行工作時常用的詞語。他們貸款給客户必須做的第一件事，就是「盡職審查」，簡單來說，就是了解客户的底細和財務狀況。否則，把錢借給沒能力還的人，貸款就會變成壞賬了。但他知道，布蘭特說的，是指對自己已做了徹底的調查。

哈斯勒一邊想着，一邊在布蘭特的對面坐了下來。這時，驅動摩天輪的機械發出了咯噔咯噔的聲響，吊廂同時也搖搖晃晃地緩緩升起，令哈斯勒本來已忐忑不安的心情更沒底了。

「我知道你在澳洲做林木生意，發了大財，身為你的舊上司，真的要衷心恭喜你呢。」布蘭特說着，嘴角泛起一絲狡黠的微笑，「可是，我沒你那麼幸運，離開銀行後，一直找不到好的工作，現在更居無定所，只能做些散工糊口，生活得很艱難啊。」

「你不必妄自菲薄啊。」哈斯勒打量了一下這位舊上司的裝束，「你穿得比我還光鮮，怎會生活得很艱難呢？」

「嘿嘿嘿，這套西裝是不可或缺的行頭啊。」布蘭特自嘲地一笑，「我已一把年紀，你以為我做的散工是甚麼？到碼頭去幹重活嗎？就算人家願意請我，我也有心無力呢！」

嘰……嘰……嘰……

吊廂一邊輕輕地晃動着，一邊發出了齒輪滑動的噪音。

「那麼，你的散工是甚麼？」

「嘿！還能是甚麼？當然是偷拐搶騙中最不花氣力的活兒。」

「你指的是……」哈斯勒沒說出來，因為他已猜到了。那是害得自己蒙受兩年牢獄之災的「騙」。

「嘿嘿嘿，猜中了吧？沒錯，就是『騙』。」布蘭特說到這裏，以探視的眼神瞄了一下哈斯勒，「但遇到你後，我幡然醒悟，知道不該再幹那些傷天害理的事情，決定金盆洗手。」

「是嗎？」哈斯勒語帶譏諷地說，「你的醒悟雖然遲了一點，但總比**執迷不悟**的好。」

「啊！你也贊成嗎？太好了！」布蘭特裝出一個驚喜的表情，但對哈斯勒來說，這個表情太誇張了，顯得有點假。

嘰……嘰……嘰……

在齒輪滑動的噪音下，兩人互相盯着對方，陷入了沉默之中。

「不過……」布蘭特打破沉默，冷冷地一笑，「不再幹那些**犯法勾當**的話，得請你幫幫忙呢。」

突然，吊廂劇烈地一**晃**，嚇得哈斯勒心裏慄然一驚。他這時才察覺，他們的吊廂已越過摩天輪的最高點，正要往下降落。布蘭特寫信約他來這個遊樂場見面時，他的內心已有一個**不祥的預感**。看來，這個預感是正確的。

「幫忙？幫甚麼忙？」哈斯勒定一定神，問道。

「嘿嘿嘿，沒甚麼。」布蘭特捋了一下白花花的鬍子，說，「我想你念在一場同事的份上，能不能**慷慨解囊**罷了。」

「慷慨解囊？甚麼意思？」

「說白了，就是一丁點兒生活費，住啦、吃啦之類。」布蘭特**恬不知恥**地笑道，「別擔心，老人家，吃不多，住嘛，將就將就，鄉郊小屋也行。」

哈斯勒沉思片刻，語帶怒氣地問：「如果我說不行呢？」

「哈哈哈！」布蘭特假笑幾聲，「你不會的。你想看着老上司一直以行騙為生嗎？**上得山多終遇虎**，我總有一天會被警察抓個正着，到時想找個肯為我保釋的人也沒有啊！」

「怎會？你不是有個霸氣十足的外孫嗎？萬一被捕，你的女兒可以當你的擔保人呀。」哈斯勒記得布蘭特有個女兒，常欺負自己兒子的那個**小霸王**就是他的外孫。

「我的女兒嗎？很可惜啊！」布蘭特搖頭歎道，「當年詐騙銀行的買賣**東窗事發**後，我雖然僥幸脫罪，但已弄得**妻離子散**。小女已跟我脫離了父女關係，為了不讓她難做，我連看望孫兒也不敢走近呢。」

「我很同情你，但這是**因果報應**，就像我為詐騙銀行一事坐了兩年牢那樣，必須為自己作的孽付出代價。」

「對！你說得對！我們都得為自己作的孽付出代價！」布蘭特突然提高聲調亢奮地應道，「所以，如果我不幸被抓，就會老實地向警方懺悔，**一五一十**地說出近況。例如，最近遇到一位名叫**馬修斯**的舊部下，我還趁機向他敲詐勒索呢！用甚麼來敲詐？當然是他真實的過去啦。」

「**你！**」哈斯勒身子一挫，作勢要一躍而起。但同一瞬間，吊廂也劇烈地**搖晃**了一下，令他急急地坐回椅上。

「嘿嘿嘿，怎麼了？想把我從摩天輪上扔下去嗎？夠膽的話就動手吧。我約你在這麼高的地方見面，一是不想別人聽到**我們的秘密**，二是要試探一下你，看看你有沒有把我扔下去的**膽色**。」

哈斯勒聽到布蘭特說得這麼狠，不知怎的，反而一下子就冷靜下來了。

「啊！非常抱歉。我一想到要向警方懺悔，就控制不了情緒。」布蘭特**假惺惺**地道歉。

「你有甚麼要求，請說吧。」

「啊！太感謝你了！」布蘭特得意地笑道，「我不苛求，你只須給我租一所小房子，每個月再給我10鎊生活費，我就不必再去幹不法的勾當，你亦可**高枕無憂**。真的是各取所需、一舉兩得啊。你說，是不是？」

這時，**咯噔咯噔**的機械聲又響起，哈斯勒知道，摩天輪快要停下來，他們的吊廂也快要回到地上了。

「怎樣？」布蘭特催促，眼底已閃現着惡意。

「好吧。」哈斯勒心中評估過風險後，以不容反悔的語氣說，「但是，你得守住我們之間的秘密，不得向任何人透露**我的過去**。此外，也不要再寫信給我，更不要到我家找我。我們彼此並不認識，我已不是去澳洲之前的**約翰．馬修斯**。我叫斯圖爾特．哈斯勒！」

「這個當然！我也不是當年的我，我現在叫**塞謬爾．賈米森**。你認識的布蘭特——」布蘭特一頓，亢奮地說，「已死了！」

「**咔噔**」一聲傳來，他們的吊廂已卡在地面的防滑器上，停了下來。

這時，布蘭特沒料到，他就在那一刻，確實——已死了！

一個星期後，哈斯勒要求布蘭特搬去鄉郊居住，理由是要布蘭特**低調地生活**，以免暴露以前的身份。

布蘭特覺得有道理，順從地答應了這個要求。他在哈斯勒的指示下，在倫敦的鄉郊小鎮雷克曼租了一幢2層高的小房子。那兒位置偏僻，房子又座落於一個樹林中，除了附近的村民之外，很少人會經過那裏，是個**遺世獨立**的好地方。

其實，當年出獄後，哈斯勒為了避開親朋戚友的白眼，就曾搬到

訂正：第217期《兒童的科學》p.34，由下數上第4行中的「名叫布蘭特」，實為「名叫賈米森」之誤。

雷克曼住過半年，直至找到門路去澳洲**重新做人**為止。所以，他對這個鄉郊小鎮相當熟悉。不過，他叫布蘭特搬去雷克曼時，並未動殺機，他只是想找個熟悉、但又與自己沒有甚麼關聯的地方而已。

在布蘭特搬進小房子前，哈斯勒與他**約法三章**：

「第一，請你記住，如非**萬不得已**，我們儘量不見面。」

「沒問題，但我怎樣收錢？」布蘭特問。

「很簡單。每個月第一個星期一的下午1點半，我會把一個內有10鎊的信封，放在**維多利亞火車站公廁**內的一個抽水馬桶後面，你在差不多的時間去拿就行，但別太早也別太遲。」

「抽水馬桶後面嗎？虧你想得出在那種地方交收呢。」布蘭特語帶戲謔地說。

「第二，為免你用錢時引人注目，我付的全是**面額1鎊的鈔票**。」

「沒問題，是錢就行了。」布蘭特聳聳肩，「那麼，第三又就是甚麼？」

「第三，千萬不要再幹**犯法的勾當**，以免被捕。」

「嘿嘿嘿，這個你放心，有錢花還用冒險犯法嗎？況且我也不想一把年紀去坐牢啊。」

「那麼，這裏是10鎊，請收下吧。」哈斯勒把第一筆錢遞上，並再三提醒，「下一筆，記住要在下個月頭去剛才說的指定地點領取啊。」

「得啦，得啦。」布蘭特舔了舔手指，貪婪地數了數。

數完後，他**心滿意足**地把錢塞進口袋中。不過，他又歪着腦袋想了想，然後**齜牙咧嘴**地笑道：「嘿嘿嘿，我也有一個條件，看看你可否答應。」

「甚麼條件？」哈斯勒警戒地問。

「關於我的孫兒。」

「孫兒？此事與你的孫兒有何關係？」

「說實在的，其實沒有甚麼關係，只不過——」布蘭特突然面色一沉，目露兇光地說，「你知道，我就只有這麼一個可愛的孫兒，你不可因為我們的事而遷怒於他。小孩子們的事，就由小孩子自己去解決。要是你插手，讓我的孫兒挨揍或不開心，那麼，我和你的協議就一筆勾銷！」

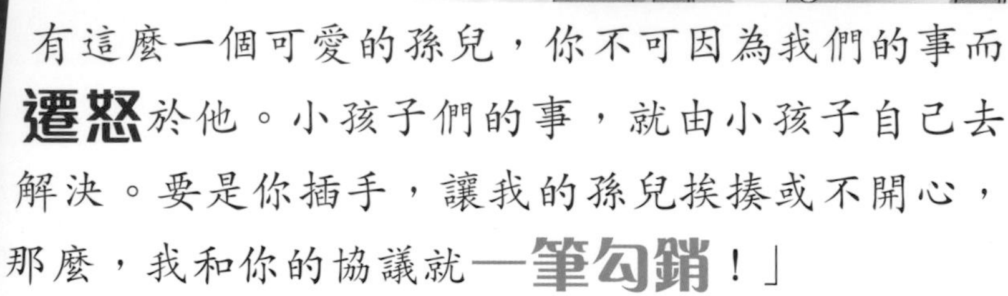

「你……！」哈斯勒滿腔怒火，卻不敢發作。

及後，哈斯勒暗中調查，得悉布蘭特收了錢後，馬上聘用了在附近居住的帕羅特夫人當女傭。他閒時獨個兒外出釣釣魚，或者走去看看綽號大肥貓的外孫怎樣欺負同學。他過得相當愜意，並沒有來找麻煩。

第二個月的第一個星期一，哈斯勒把錢放在指定地方，布蘭特也依約來取。一切風平浪靜，兩人河水不犯井水，看來相安無事。不過，叫哈斯勒耿耿於懷的是，每天只能眼睜睜地看着小里奇上學時那孤獨無助的背影，自己卻無法施以援手。

「小里奇，你忍耐一下吧。」哈斯勒心痛地叨唸着，「爸爸對不起你……爸爸對不起你……」

第三個月風平浪靜地過去了……

第四個月的第一個星期一，平靜的水面突起波瀾，當哈斯勒如常去到維多利亞車站把錢藏好後離開時，卻被突然閃出的布蘭特攔住

了。

哈斯勒給**嚇**了一跳，慌忙把布蘭特拉到一旁，不滿地壓低嗓子問：「怎麼了？不是說好不要見面的嗎？」

「嘿嘿嘿，別那麼緊張嘛。」布蘭特**嬉皮笑臉**地說，「今天有點特別的事，要親自找你商量一下罷了。」

「特別的事？甚麼事？」

「呵呵呵，沒甚麼。」布蘭特狡猾的眼睛眨了眨，「我呆在雷克曼那所小房子已幾個月，快要**悶死**了啊。可以的話，想到外面旅行幾天，閒時也想到鎮上的音樂廳聽聽音樂。呵呵呵，就是這個意思。」

哈斯勒盯着眼前的舊上司，心中充滿了怒氣，但他知道不能與這個可恨的傢伙**反目**，只好冷冷地問：「你的意思是，想要多些錢嗎？」

「你真**善解人意**，就是這個意思。」布蘭特**厚顏無恥**地笑道。

哈斯勒低着頭看了看四周，知道沒有人注意到他們後，就從口袋中掏出錢包，抽出10張1鎊鈔票，匆匆**塞**到布蘭特手上去。

「這是今個月額外給的，你省着用！」哈斯勒壓制着怒氣，好不容易才**擠**出這句說話。

「嘿，我不客氣了。」布蘭特咧嘴一笑，「謝謝你，你真**念舊**，對我真好。我會記在心上的。」說完，他輕巧地一個轉身，就頭也不回地走進了火車站的公廁中。

哈斯勒看着他那狡猾的背影，突然感到脊骨裏透出一股**涼意**，令他全身打了一個**寒顫**。

他**誠惶誠恐**地度過了第四個月後，在第五個月的第一個星期一，可怕的事情又發生了。這次，布蘭特又像上次那樣，待哈斯勒從公廁出來後就把他攔住，並**獅子開大口**——

「在那所孤零零的小房子裏生活實在太苦悶了，我可以要一台**留聲機**嗎？你知道，我沒有甚麼嗜好，只會聽聽音樂。但常常去音樂會實在太花錢了，你上次不是說要省錢嗎？留聲機好啊，買回來就可以在家中盡情地聽，聽一個月就回本。你明白吧？我是為你省錢啊。」

事到如今，已別無他法了。哈斯勒只好默然地點點頭，**木無表情**地應道：「明白了，但我現在身上沒那麼多錢，你明天再來取吧。錢照樣放在舊地方。」

「啊！真爽快，能有你這樣的舊下屬，我真是**三生有幸**啊。」布蘭特說完，就喜氣洋洋地走進了火車站的公廁。

「豈有此理！你這個老傢伙真是**貪得無厭**，我——」哈斯特氣得在心中大叫。可是，到了最後關頭，就算在心中，他也沒有勇氣說出——殺了你！

哈斯勒最明白，他自己最怕看到**血**，連殺一隻雞也不敢，又如何去殺一個人呢？可是，就這樣下去嗎？布蘭特一定會得寸進尺地加碼，一年半載之後，他也未必能負擔得起他的苛索啊。

怎麼辦？怎麼辦？

當他帶着惶恐不安的心情回到家門口時，小里奇正好也一拐一拐地回來了。

「小里奇，你的腿怎麼了？」哈斯勒訝異地問。

「我……摔跤了……」小里奇避開父親的線視，怯怯地答道。

「讓我看看。」哈斯勒蹲下來，翻開了小里奇的褲筒看。

「啊！」一看之下，他不禁大吃一驚。小里奇的小腿又紅又腫，很明顯是毆打造成的。

「難道……又是那個大肥貓？」哈斯勒拉着小里奇問。

「不！是摔跤撞傷的！嗚……你不用管！是摔跤撞傷的！嗚……嗚……嗚……」小里奇哭哭啼啼地掙脫父親的手，拖着腿一拐一拐地跑走了。

「豈有此理……我可以忍受你的苛索……但不能讓小里奇受苦……我不能！我不能！」哈斯勒兩眼突然佈滿血絲，像一頭猙獰的猛獸般壓着喉頭咆哮。

下回預告：福爾摩斯雖然指出兇案與勒索有關，但李大猩和狐格森仍束手無策。病癒後，福爾摩斯只好親自出馬，直接到兇案現場的小房子調查。他從那兒的窗户、屋外的兩株大樹和寫在月曆上的數字「69.3」中，終於找出了破解密室殺人的重要線索！

人類為了有效處理排泄物，
運用了各種科學原理與科技呢！

梁珀維

*給編輯部的話 我很喜歡化學洗手間！

謝謝你喜歡
這個教材啊！

林煜涵

*給編輯部的話 希望刊登！兒科加油！

今期的模擬S型隔氣彎管的虹吸效應很像畢達哥拉斯杯呢！

應該說隔氣彎管與畢
達哥拉斯杯都會產生
虹吸效應，才出現水
往上流走的現象啊。

余浩陽

*給編輯部的話 請評分(1-100)

嘩，很美麗的
畫呢，就給你
100分吧！

徐康洋

*給編輯部的話

這次Mr.A居然不逃走，還幫大剛付住院費！不過為何紅血球與多巴胺在一起，紅血球在血管，而多巴胺不是在神經系統嗎

其實多巴胺不只產生於腦
部，其他器官如腎臟也會
合成多巴胺，通過血液輸
送到人體各部位以發揮作
用，例如令血管擴張等。

電子問卷意見

Mr. A 真是壞，他的產品未必成功，他也給大剛用！

（未）

李哲也

說得對！產品推出
前應該先做測試，
合格後才售賣啊！

今期（第 216 期）Mr. A 要教大剛做功課！

蔡迦琳

我在上期（第 217 期）也
要替他還有小松補習啊。

這是你咎由自取的！

地球揭秘 動物

外來入侵物種的威脅

愛因獅子的商船抵達港口時，海關人員發現船上附有外來物種，要求徹底清洗船隻。

意外進入

隨着各地交往頻繁，人們來往不同地區時，無意中把附在交通工具上的動植物散播至其他地區，令那些生物成為該地的外來種。

◀紅火蟻及斑馬貽貝經常依附在貨櫃及船隻上。

主動引入

為促進農業及經濟發展，人們引入外來種作食物或自然資源，如南非曾引入黑荊樹作木材。另外，人們亦會利用外來種以控制其他生物的數量。

▲澳洲曾引入甘蔗蟾蜍，以捕食損害農作物的甲蟲。

香港的外來入侵物種

紅耳龜

原產於北美洲，常因人們棄養寵物、放生等原因而流入野外環境。因其適應力及繁殖力強，導致本地龜難以與其爭奪棲息地及食物而減少數量。此外，紅耳龜亦會獵食本地的瀕危物種盧文氏樹蛙，破壞生態平衡。

紅火蟻

原產於南美洲，是「世界百大外來入侵種」之一。喜吃青瓜、大豆等農作物的種子，造成農業經濟損失；也會盤據於電箱等設施，咬食電線或把泥土運進其中，造成短路，癱瘓電力系統。此外，牠們極具攻擊性，會襲擊本地螞蟻及其他生物，影響生態環境。

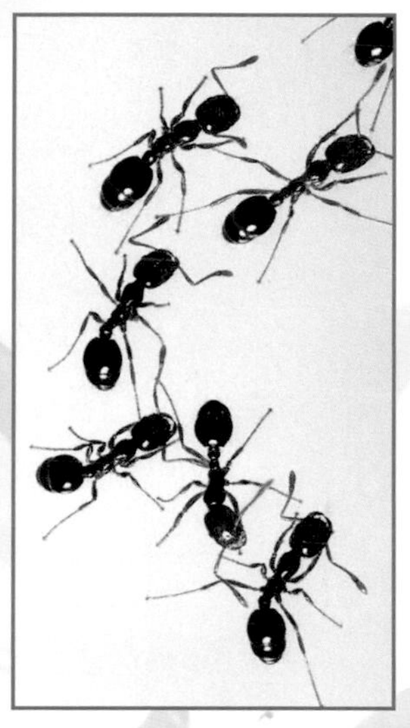

◀紅火蟻受人類騷擾時會對其螫咬，其毒液注入人體後會引發痕癢和灼痛，有些人更因過敏而休克甚至死亡。

薇甘菊

原產於中美洲與南美洲，會纏繞在其他植物上生長。它生長得迅速，能於一個月內覆蓋 25 平方米，奪去其他植物的日照、營養、水分及生長空間，故有「植物殺手」之稱，亦是「世界百大外來入侵種」之一。

爬蟲大冒險
第二集

認識

鳴謝：嶺南鍾榮光博士紀念中學

豹紋守宮

學名：*Eublepharis macularius*（可再細分 6 個亞種）
身長：18 - 28cm ｜主要食物：小型昆蟲｜原生地：南亞地區的乾燥地帶
生活習性：通常獨自生活，到春夏兩季的交配季節時會聚集

貓眼般的瞳孔

豹紋守宮是夜行的獵食動物，其瞳孔呈垂直的線狀。這種瞳孔形狀常見於不少同樣在晚上獵食的動物，例如貓、蛇、鱷魚、狐狸等。

好像貓眼呢！

有眼瞼 VS 沒有眼瞼

壁虎的品種眾多，有些具有眼瞼，而豹紋守宮就是其中一種。因此牠們具備合上眼睛的能力，能夠眨眼，睡覺時也會合眼。

不過，豹紋守宮的眼睛不會分泌淚水，所以牠們仍會舔眼來保濕，同時清走眼球上的塵埃。

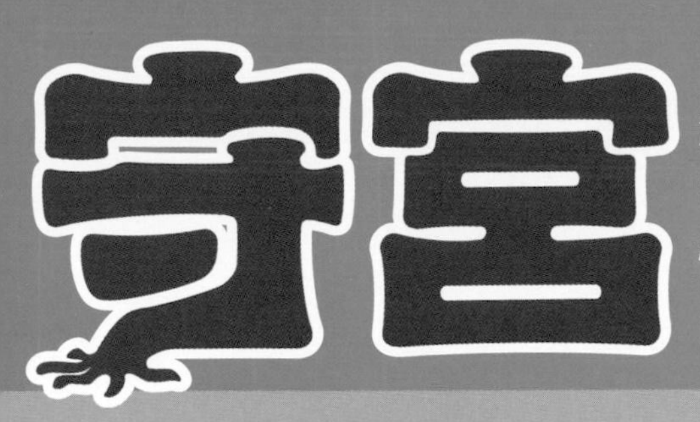

爬蟲種類多不勝數，彼此的差異鮮明，除了沒有腳的蛇，還有大量四足爬蟲動物，例如守宮。守宮又稱壁虎，牠們不單是攀爬高手，更懂得斷尾求生的特技！而今期會介紹爬蟲館內的一種屬於瞼虎科的守宮——豹紋守宮。

尾巴功能

牠們的尾巴胖胖的，很可愛！

營養後備

守宮從食物吸收到的脂肪有時多於所需，多出來的部分會儲存於尾巴以作備用。遇上食物不足時，就可用來「應急」。

擾亂敵人

遭到獵食者襲擊時，豹紋守宮可自斷尾巴，藉此擾亂獵食者的注意力，乘機逃跑。只是，這對於豹紋守宮本身而言是極大犧牲，因這等於把後備脂肪完全棄掉！尾巴其後會逐漸再生，需時約 30 日。

豹紋守宮會爬牆嗎？

豹紋守宮的四肢末端分別有 5 隻爪狀的腳趾，可勾住粗糙的表面。不過，牠們跟許多壁虎不同，無法在平滑的垂直表面或天花板攀爬。

◀一隻正在蛻皮的豹紋守宮用腳趾抓住攀爬面。

額外知識 守宮的攀爬科學

與豹紋守宮不同，不少守宮都懂得攀爬平滑表面。原因在於其腳掌上長有特別的腳墊，可像吸盤一樣吸附在平滑表面上。

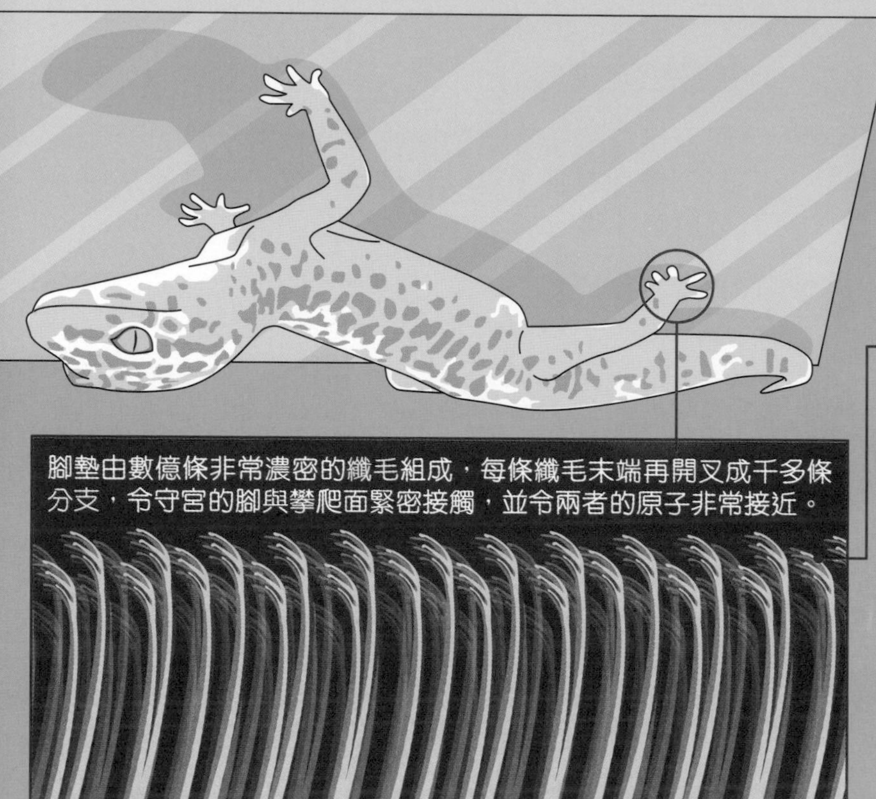

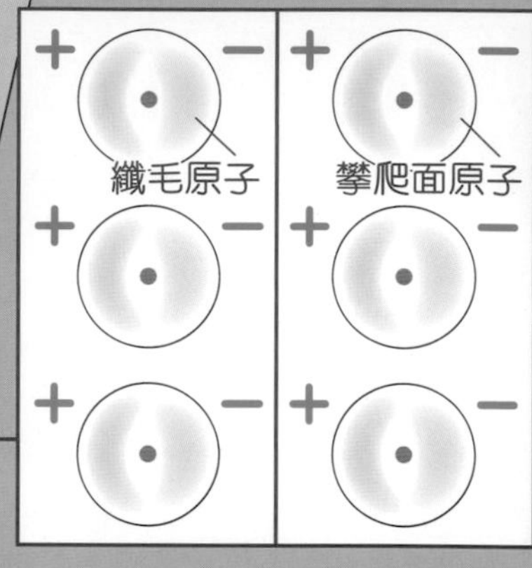

當原子內的電子不斷移動，有時會局部產生電荷。這些局部性的電荷又會促使其旁邊的原子產生相反的電荷。由於正負電相吸，纖毛末端及攀爬面便有相吸的力。這個力稱為「范德華力」。

每個范德華力都非常弱，但由於纖毛數量極大，於是所有范德華力加起來就足以支撐守宮的體重。

由嶺南鍾榮光博士紀念中學舉辦的 爬蟲有獎問答遊戲

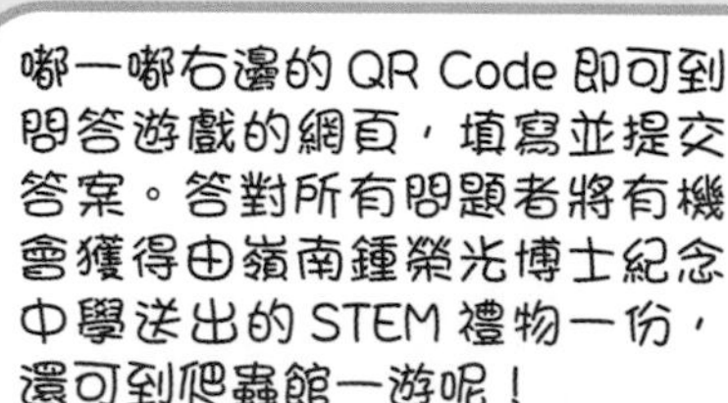

問題 1： 豹紋守宮屬於日行類還是夜行類的守宮？

問題 2： 豹紋守宮的繁殖季節是幾時？

問題 3： 豹紋守宮有多少個亞種？

問題 4： 豹紋守宮主要分佈於哪些地區？

問題 5： 豹紋守宮屬於哪一科種的蜥虎？

規則

截止日期：6 月 20 日
答案與得獎名單將於第 220 期公佈。

- 所有問題及答案皆由嶺南鍾榮光博士紀念中學擬定，如有任何爭議，本刊與校方保留最終決定權。
- 得獎者將由校方通知領獎事宜。
- 實際禮物款式可能與本頁所示有別。
- 問答遊戲網頁所得資料只供決定得獎者所屬及聯絡得獎者之用，並於一定時間內銷毀，詳情請參閱網頁上的聲明。

如有查詢，可於星期一至五早上 9:00 至下午 4:00，致電校方 2743 9488，與關主任或林主任聯絡。
學校地址：香港新界葵涌荔景山道

「第25屆香港青少年科技創新大賽」圓滿閉幕

參賽同學順利通過各個項目的初評及總評後，各項目的得獎者亦順利誕生！頒獎典禮已於4月2日在香港科學園舉辦，同場更展出了部分參賽者的研究成果。

◀部分得獎項目於頒獎禮當日即場展出，負責同學亦解答了嘉賓及傳媒的提問。

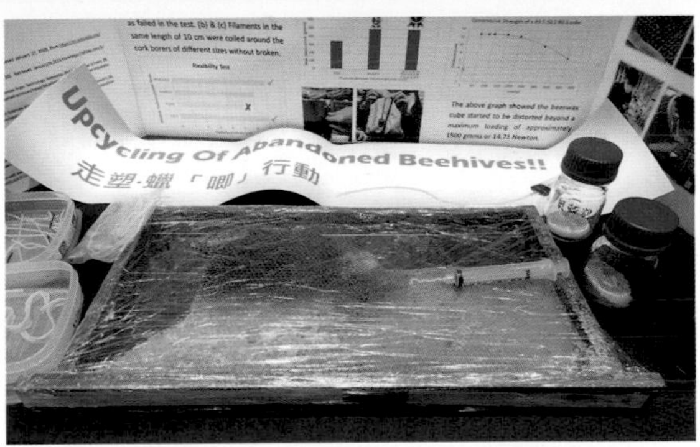

▲想必很多人未曾親眼看過蜂蠟，這是中學研究及發明（初中＿能源及環境科學）一等獎：「減塑 • 蠟＜唧＞行動」，用來製作取代塑膠的重要材料。

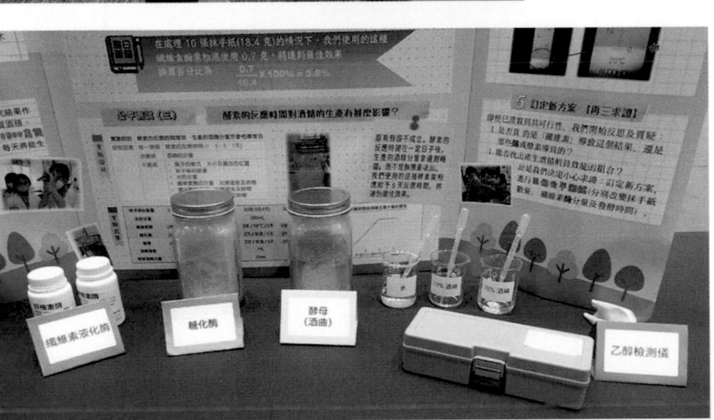

▲用這些材料，就可用抹手紙提煉酒精？原來這是小學研究論文的一等獎「紙の重生術——利用抹手紙生產生質酒精的可行性及效能探究」。

▲同學表示製作這種蜂蠟物料時，可加入咖啡渣、豆渣等可生物降解的添加劑，改良蜂蠟物料的性質。

數學偵緝室

數學

大偵探福爾摩斯
機率遊戲

貝格商店街舉行嘉年華，小兔子和愛麗絲一同去逛逛。

機率

那是分析隨機事情發生時，某個結果出現的可能性。機率介於0至1之間，可用百分數、分數或小數表示。

0 代表不可能發生。

1 代表必然會發生。

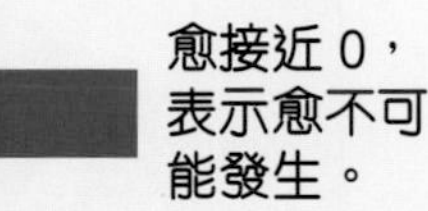

愈接近 0，表示愈不可能發生。

愈接近 1，表示愈可能發生。

◀若三張牌均非中獎牌，那就絕不可能抽到中獎牌。

▶若三張牌全是中獎牌，那麼一定抽到中獎牌。

多謝惠顧牌

中獎牌

那要怎樣計算的？

$$某獨立事件的機率 = \frac{所求結果的數量}{所有可能的數量}$$

遊戲共有三張牌，故「所有可能的數量」為 3，選到每張牌的機會都是均等的，而中獎牌的數量則是 1，所以中獎的機率就是 $\frac{1}{3}$。

那就不換了，反正機率都一樣！

錯了，當老闆翻開一張牌後，換牌後的中獎機率就改變了。

不換牌的中獎機率

若選擇不換牌，老闆翻牌的行動並不影響中獎機率，可能出現以下三種情況：

* 因有兩張「多謝惠顧」牌，故分別以 A 牌和 B 牌標示。

最初選中的牌　已被翻開的牌　其他牌

情況①

多謝惠顧
B

情況②

多謝惠顧
A

情況③

多謝惠顧
A

多謝惠顧
B

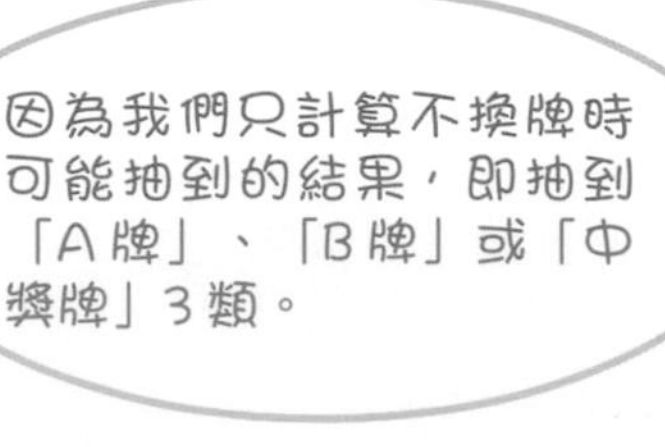

而情況③的2種可能性都屬於抽到「中獎牌」的結果，所以歸類為同一情況。

$$\text{不換牌的中獎機率} = \frac{\text{所求結果的數量}}{\text{所有可能的數量}} = \frac{\text{情況③（中獎）}}{\text{情況①} + \text{情況②} + \text{情況③}} = \frac{1}{3}$$

情況① / 情況②

若小兔子先選多謝惠顧 A 或 B 牌，老闆不會打開那張牌，又不能直接揭開中獎牌，只能揭開另一張多謝惠顧牌了。

情況③

已被選

中 A/B B/A

若小兔子一開始已選中中獎牌，老闆就可選擇揭開 A 牌或 B 牌。

不過以下情況的中獎機率是 $\frac{1}{2}$。

假如華生剛巧經過，看到大家在玩遊戲。

而小兔子只告訴他，兩張牌中有一張是中獎牌，再讓他來選。這樣對華生來說，中獎機率就是 $\frac{1}{2}$。

不過就算有華生幫忙，也不及小兔子你自己換牌中獎的機率高呢！

換牌後的中獎機率

若小兔子最初選中多謝惠顧牌，改選後必然中獎；相反，若最初選中中獎牌，改選後必不會中獎。以下是換牌後可能出現的三種情況：

最初選中的牌　　已被翻開的牌　　改選的牌

情況①

多謝
惠顧
B

$\frac{1}{3}$（從三張牌中，選中A牌的機率）× 1（老闆必會揭開B牌）= $\frac{1}{3}$（改選後抽到中獎牌的機率）

中獎機率為 $\frac{1}{3}$

情況②

多謝
惠顧
A

中獎

$\frac{1}{3}$（從三張牌中，選中B牌的機率）× 1（老闆必會揭開A牌）= $\frac{1}{3}$（改選後抽到中獎牌的機率）

中獎機率為 $\frac{1}{3}$

情況③

多謝
惠顧
A

多謝
惠顧
B

一旦改選必定抽不到中獎牌，所以得到中獎牌的機率是 0。

中獎機率為 0

從以上情況可見，換牌後的中獎機率應是：$\frac{1}{3}+\frac{1}{3}+0=\frac{2}{3}$，較不換牌的中獎機率高一倍，所以應換牌。

嘻嘻，那我
就改選吧！

實在
太可惜了，
請下次再來玩
吧！
多謝
惠顧
多謝
惠顧
吓！

怎會這樣！
你不是說改選
會中獎的！

我只說改選
後，抽中機
率大些，並
不保證一定
能贏呢。

我不管，
都是你的
錯！
這位小姐
一抽便抽
中，真好
運！

看來你的
運氣真差！

KC天文教室

掩星（下）星星不見了

月球的視直徑很大（0.5度），所以月掩星最常見，掩星帶亦較闊。而行星的視直徑較小，掩星帶較窄。至於小行星的視直徑則更小，掩食帶更窄，更難得一見。

梁淦章工程師
香港天文學會

太空歷奇

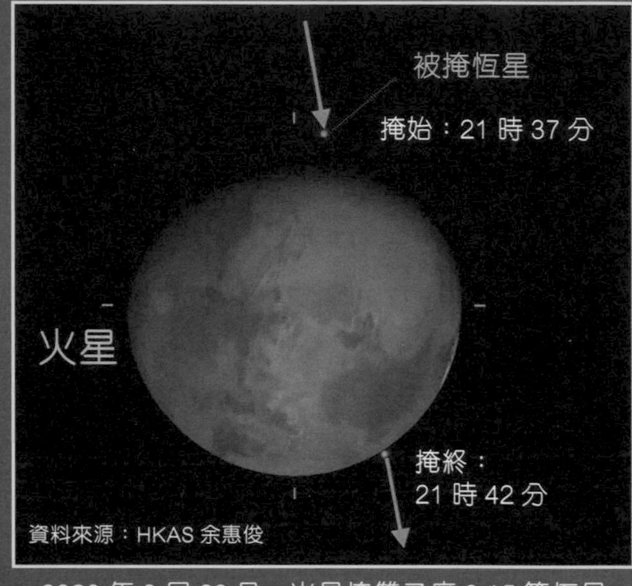

▲2023年3月29日，火星掩雙子座8.15等恒星，在香港用雙筒望遠鏡就能觀測到。

行星掩星

行星或小行星會繞着太陽公轉。當我們在地球觀測時，或有機會在視覺上與背景的恒星連成一條直線，看到罕見的掩食現象。

太陽
地球
行星
被掩恒星
行星的影子

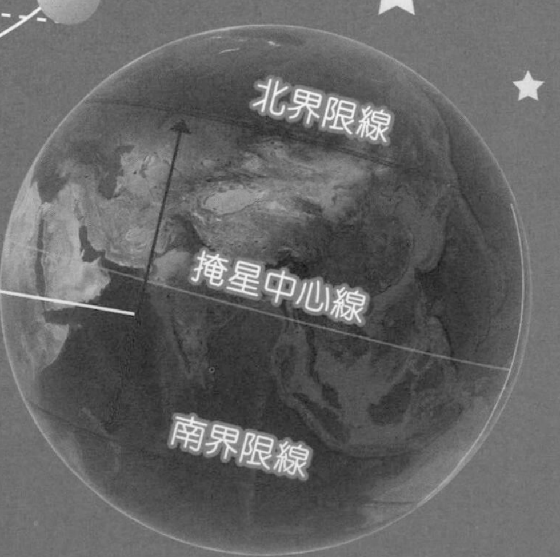

火星掩星可見區域
（掩食帶較闊）

行星掩星時，就像日全食時那樣，行星的影子（由被掩恒星的光所產生）會投射到地面，形成掩食帶。

Photo Credit：火星掩星：SkySafari　行星掩食帶：Occult Watcher

小行星掩星

與行星掩星相比，小行星掩星的掩食帶非常狹窄。由於不同緯度上的觀測者所見到的掩食時間和長短都不一樣，只要整合所有觀測者的結果，就可勾劃出小行星的輪廓（見下圖）。愈多觀測者，其輪廓就愈細緻。

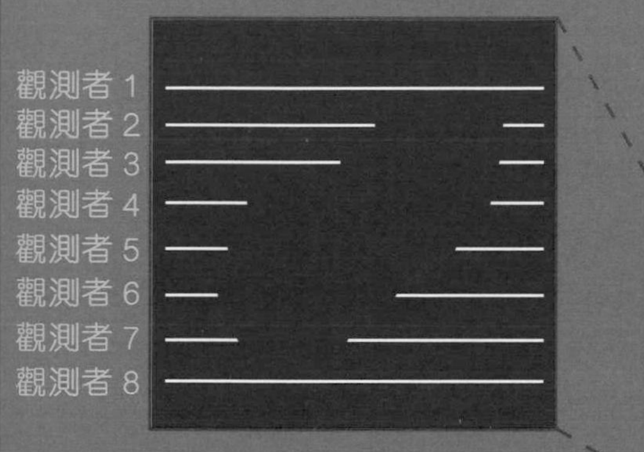

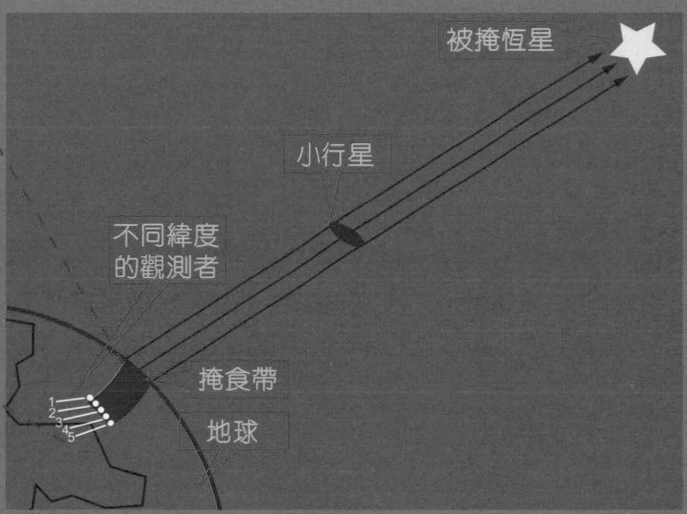

另外，觀測者亦可能發現一些小行星不為人知的秘密，如有環的小行星，或是有伴星的雙小行星。

掩星大發現

掩星觀測曾在天文探索上成就了多項重大發現，其中天王星的環就是靠掩星發現的。

現時已知的天王星環有 13 個，當中靠掩星最先發現的有 α、β、γ、δ 和 ε 這 5 個環。（詳見後頁）

Photo Credit：小行星掩食帶地圖：Occult Watcher　天王星：Roen Kelly

發現天王星的環

1977 年 Elliot 等天文學家觀測天王星掩的一顆恆星時，發現該恆星的亮度在預計掩食時段前後都有 5 次短暫的消失，因而發現天王星原來是有環的。

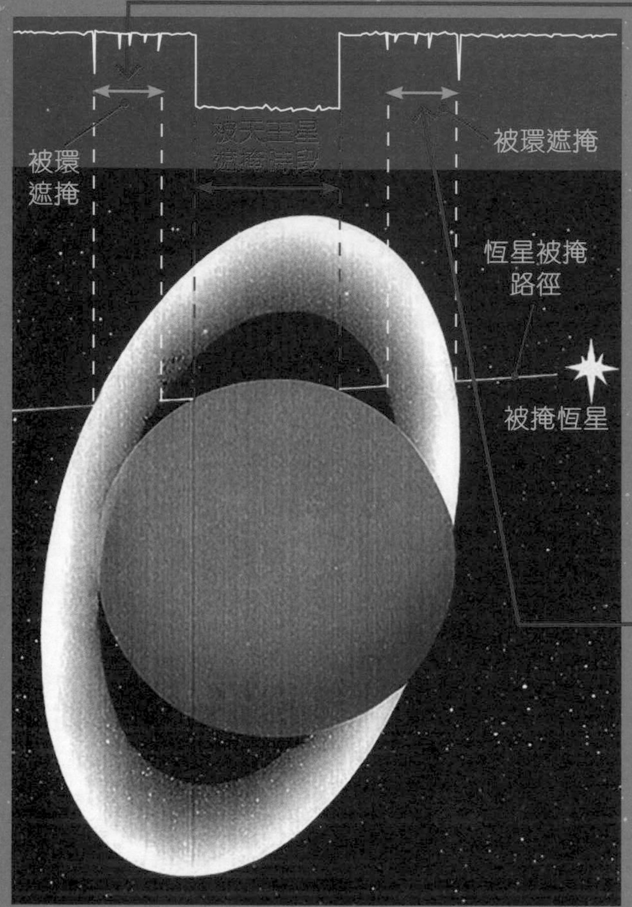

掩恆星的亮度變化

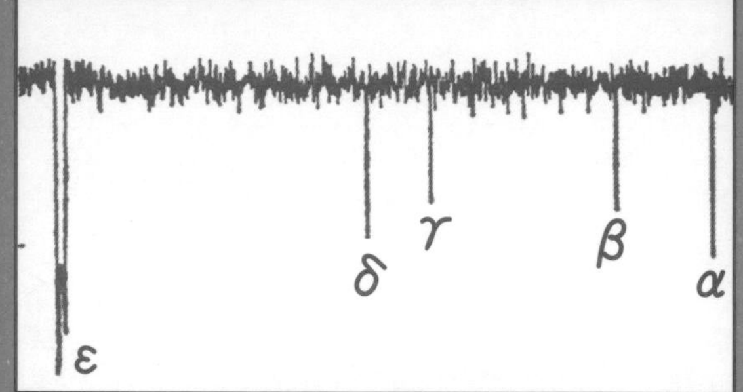

▲天王星掩星前，恆星的光度已有變化（星光被環的物質遮掩）。

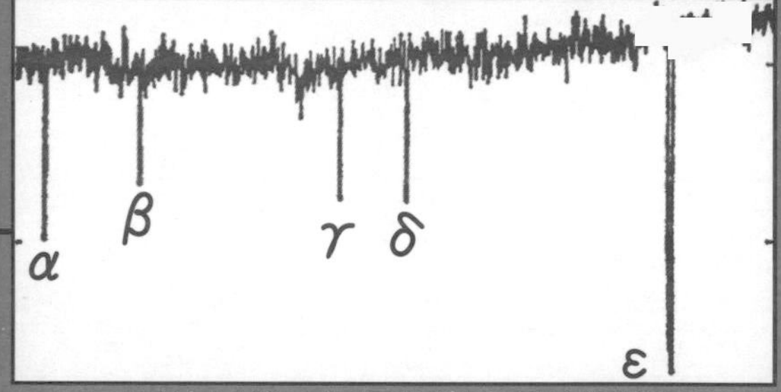

▲天王星掩星後，恆星的光度仍有變化（星光被環的物質遮掩）。

發現小行星的環

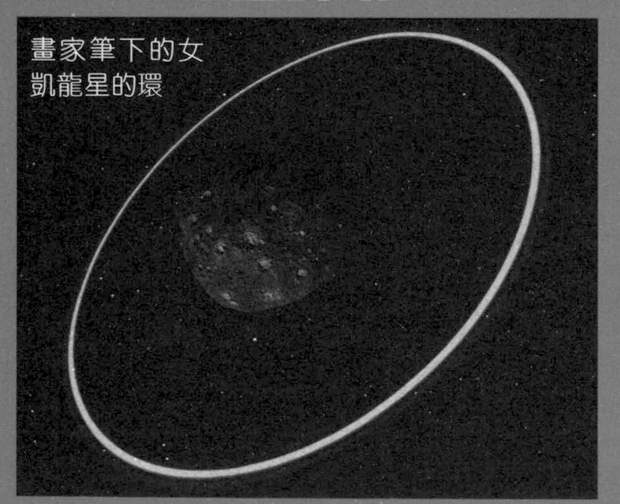

▲ 2013 年天文學家觀測該小行星掩星時，發現它有環。女凱龍星就成為第一顆已知有環的小行星。

發現雙小行星

▼下圖顯示一對大小差不多的休神星雙小行星。這是 2011 年當此雙小行星掩星時，利用 46 個成功觀測結果合成的，圖中清楚顯示雙小行星的輪廓。

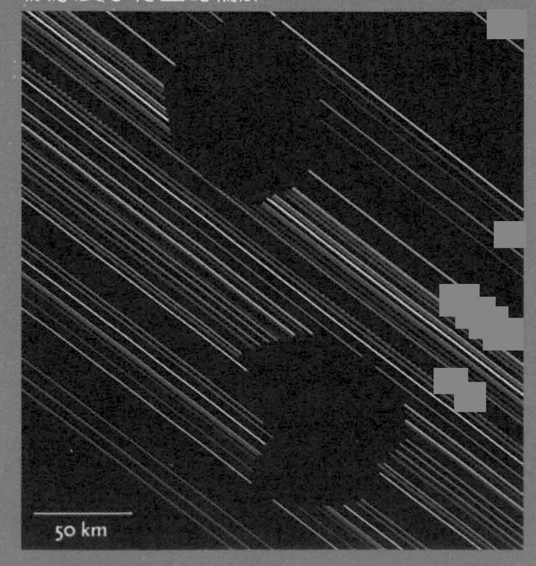

Photo Credit：天王星：National Air and Space Museum　掩星前後恆星光度 (2 圖)：J. L. Elliot　小行星環：ESO　雙小行星：IOTA

風馳電掣往前飆

開心禮物屋

參加辦法

在問卷寫上給編輯部的話、提出科學疑難、填妥選擇的禮物代表字母並寄回，便有機會得獎。

看誰先到達終點！

A Speed City 極速都市 隨行套裝

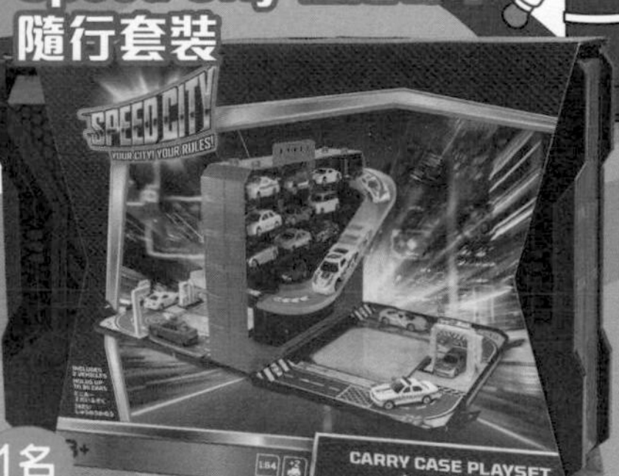

1名

讓玩具車子在賽道上極速奔馳！

B LEGO® 樂高機械組系列 Monster Jam El Toro Loco 42135

1名

2款造型任你轉換，另備回拉助力功能令怪獸卡車飛馳！

C NERF 熱火神龍 威力火焰彈鏢發射器

1名

發射泡棉彈標追擊敵人！

D Right -3D 恐龍挖掘套裝

內附工具助你發掘出三角龍骸骨！

1名

E 小説 怪盜 JOKER ③ & ④

1名

大受歡迎的怪盜小説！且看JOKER這次要盜取甚麼寶物？

F 誰改變了世界？③ & ④

1名

看看牛頓、達爾文、門捷列夫等著名科學家的生平故事！

G 大偵探福爾摩斯 M博士外傳① & ②

神秘M博士的前傳故事，不容錯過！

1名

H Pokemon 寶可夢 變形寶可夢皮卡丘

1名

可愛的皮卡丘能變形並藏於精靈球，方便收納。

I 星光樂園神級偶像 Figure

2名

漂亮可愛的星光樂園玩偶！

第 216 期得獎名單

	禮物	得獎者
A	LEGO®Harry Potter ™ 76395 霍格華玆：第一次飛行課	李思樹
B	Rubik's 扭計骰 迷宮魔方 2 x 2 混合	劉傲楠
C	Discovery Mindblown 思考探索 閃光機械人啟動實驗	梁皓程
D	大偵探福爾摩斯 逃獄大追捕大電影－漫畫版 上 & 下	Cham Ho Nam
E	大偵探福爾摩斯常識大百科① & ②	杜聿深
F	少女神探愛麗絲與企鵝⑩ & ⑪	梁懷瑾
G	Crayola 繪兒樂 香味水彩筆及印仔套裝	鍾卓蕎
H	Star Wars Force Link 2 Kessel Guard Lando Calrissian Action Figure E1252	李倬賢
I	nanoblock 太空站	吳恩霖

規則

截止日期：6月30日
公佈日期：8月1日（第220期）

★ 問卷影印本無效。
★ 得獎者將另獲通知領獎事宜。
★ 實際禮物款式可能與本頁所示有別。
★ 匯識教育公司員工及其家屬均不能參加，以示公允。
★ 如有任何爭議，本刊保留最終決定權。
★ 本刊有權要求得獎者親臨編輯部拍攝領獎照片作刊登用途，如拒絕拍攝則作棄權論。

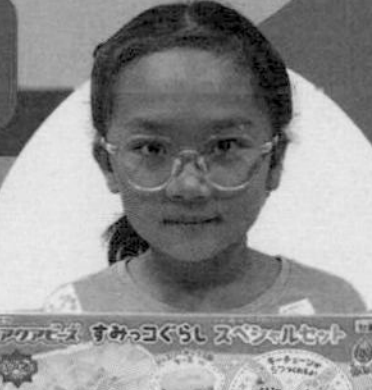

第214期得獎者

斑馬

南韓光州科技學院 (GIST) 與高麗大學 (Korea University) 的學者合作，以斑馬黑白相間的條紋為靈感，研發出一種極纖薄的熱傳導發電裝置，並於今年 2 月發表成果。

吸熱的納米纖維薄膜

研究人員利用黑色與白色吸熱速度有異而產生溫差的原理，製造一種表面有黑白條紋的多層納米纖維薄膜，當中設有熱傳導發電裝置。

白色部分由可生物降解的 PLCL* 材料製成。

上層

在白色層上塗了具高導電性的 PEDOT：PSS* 物料作為黑物部分。

包含 P 型與 N 型半導體的發電裝置，將熱能轉化成電能。

下層

*PLCL (poly(l-lactide-co- ε -caprolactone)，聚丙交酯己內酯)，是可生物降解塑料，多用於製造植入醫療器械。

*PEDOT：PSS (poly(3,4-ethylenedioxythiophene) polystyrene sulfonate，聚 (3,4- 乙撐二氧噻吩)- 聚 (苯乙烯磺酸鹽))，屬高分子聚合物，由 PEDOT 及 PSS 組成，呈黑色，具高導電性。

為何黑色物體較易吸熱，白色卻相反？

在回答前先解釋顏色是甚麼。事實上，顏色並不存於物體，而是物體反射某種顏色的光到觀察者眼中所形成的感覺。

(當中包含各種顏色的光)

例如蘋果呈紅色，是由於它被光線照射時，吸收了紅色以外的顏色光，並反射出紅色光，於是我們就看到蘋果是紅色的了。

黑色物質能吸收所有可見光，令人們眼中只看到漆黑一片。相反，白色物質卻反射所有可見光，當這些光合在一起，便形成白光進入眼簾。

條紋發電！

發電原理

當陽光照射薄膜時，白色部分因吸熱較慢，變得比周遭環境低約攝氏 8 度；而黑色部分吸熱較快，形成比周圍高約攝氏 14 度。

兩者產生近 22 度的溫差，令每 1 平方米薄膜產生約 6 微瓦特 (6 μ W/m^2) 的電能 *。另外，因溫差會持續 24 小時，即使到晚上裝置仍能繼續發電。

* 一般 LED 燈膽消耗約 4 百萬微瓦特的電能。

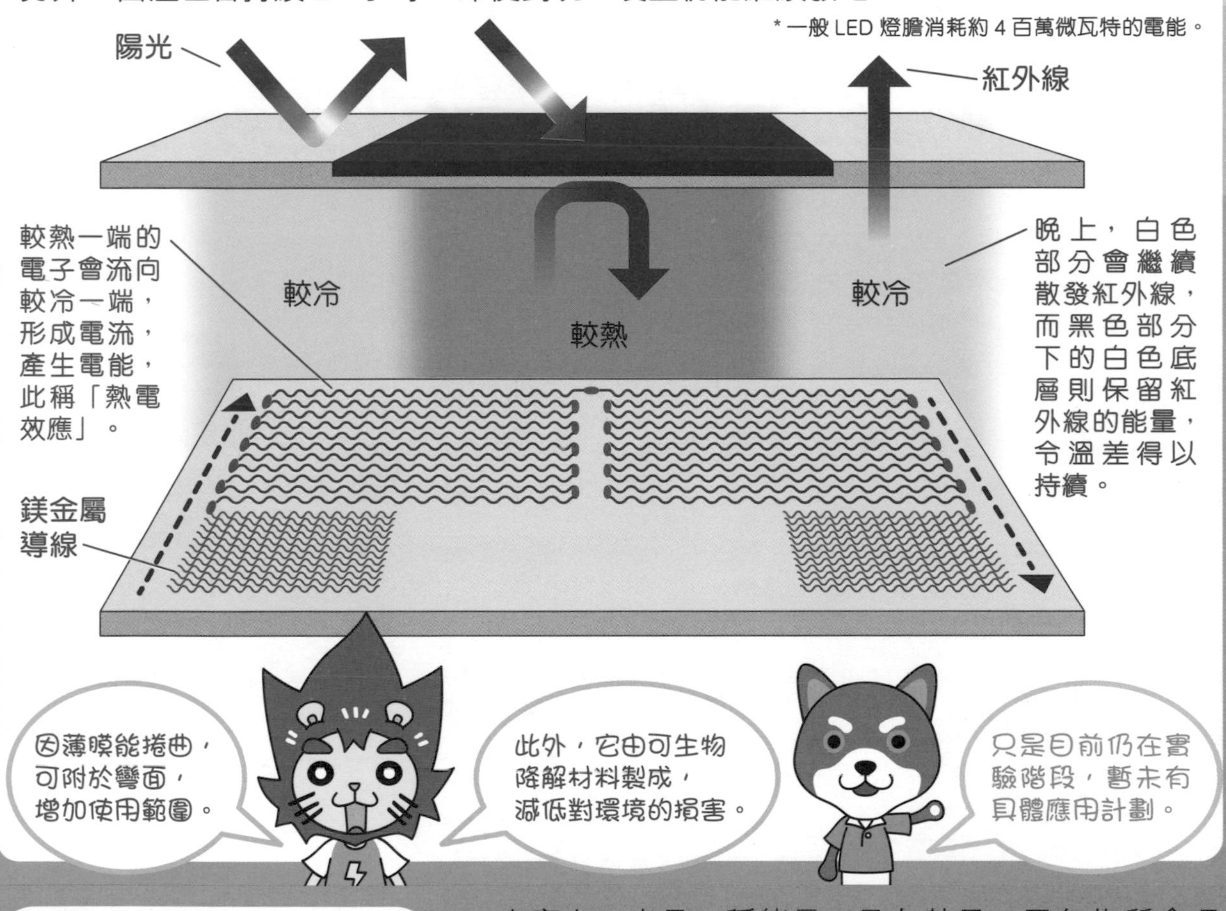

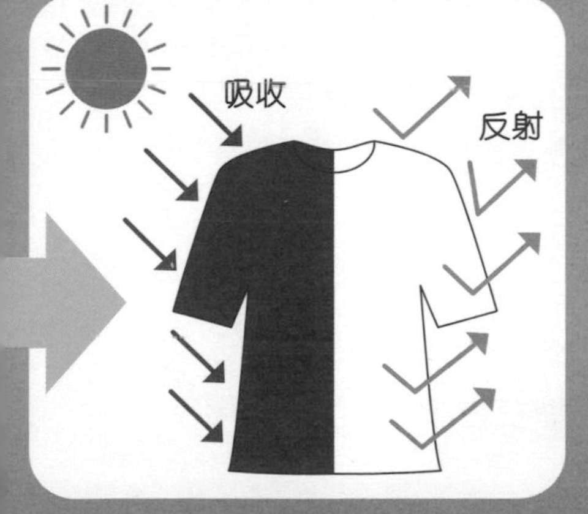

事實上，光是一種能量，具有熱量。黑色物質會吸收所有光的能量，於是較快變熱；而白色物質卻因反射所有可見光，令能量較難吸收，於是變熱得較慢。

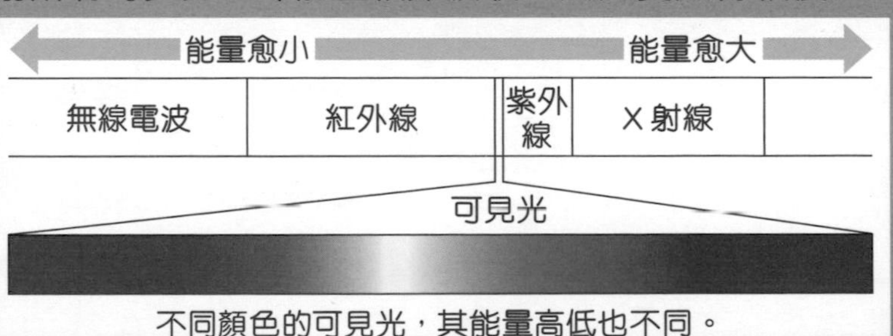

不同顏色的可見光，其能量高低也不同。

曹博士信箱 Dr. Tso

香港中文大學
生物及化學系客席教授
曹宏威博士

Q1 磁浮列車高速行駛的原理是甚麼？

李思樹

為甚麼磁浮列車以磁石排斥的原理既可前進，也可停下？

彭柏鈞

為甚麼磁浮列車比一般列車快？

鄭果

三位讀者所問的都是跟磁浮列車原理有關的問題，那就一併作答吧！

第一和第三個問題都跟磁懸浮有關。由於磁浮列車利用了磁力懸浮起來，行駛時跟軌道沒有任何接觸，故無摩擦力。雖然列車仍受到空氣阻力影響，但該阻力遠比車輪摩擦力低，所以列車能維持高速向前。

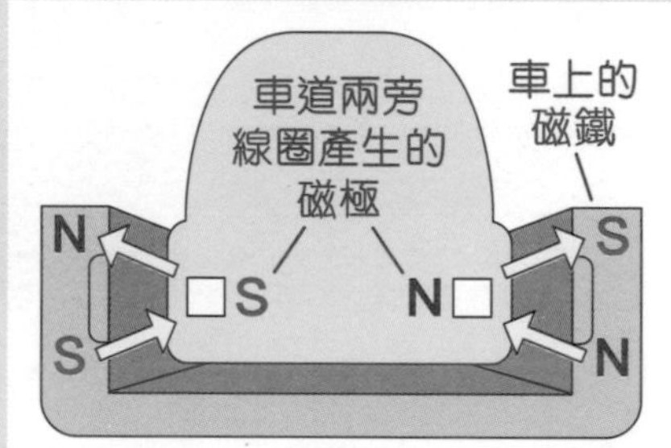

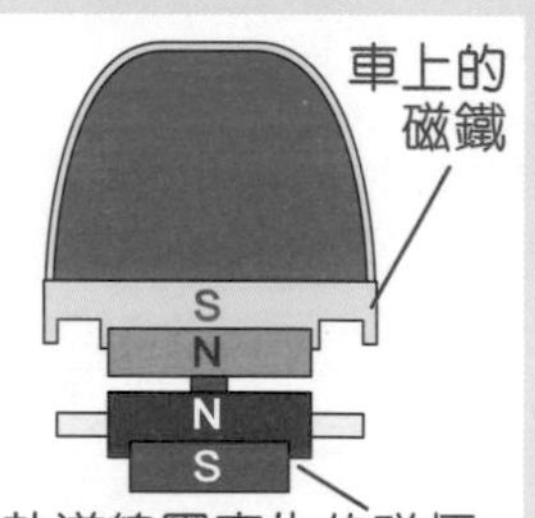

至於利用磁力使列車懸浮的方法則主要有兩種，第一種是在路軌上或路段兩側安裝被動線圈（即沒有接上任何電源的線圈）。列車經過時，車上的磁石使被動線圈因電磁感應而產生相拒的磁極，繼而令列車浮起。此方法較簡單，但有個弊端，就是列車速度太低時浮不起來，因而它仍須使用車輪。

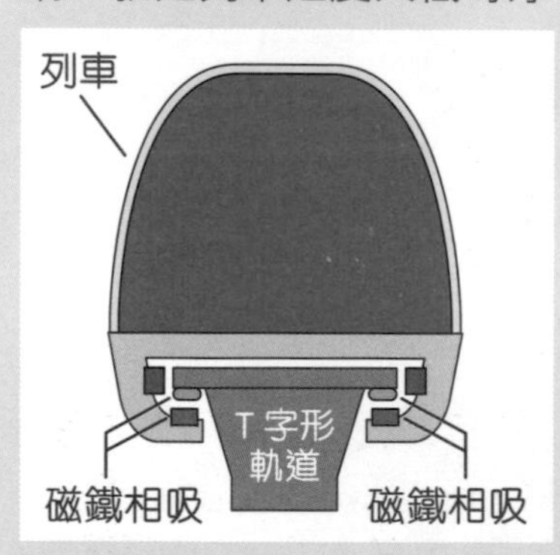

第二種卻是反過來利用「T」字形軌道上的磁鐵，與列車兩側「C」字形結構內側的磁鐵相吸，令列車浮起。如用此方法，列車在任何時候都可浮起，但系統就非常複雜 ，也需要解決散熱的問題。

至於第二條問題，可以簡單說是個一拖一推的移動原理：車同時受吸和受推的力而向前，並受程式依序操控配合運行。

列車路段的兩邊裝設了一連串的推進用線圈，這些線圈接駁了電源。通電後，線圈兩邊可根據其電流方向產生相應磁極。線圈的通電方向可改變，並由電腦系統精密控制。當列車需要加速時，車上的磁鐵總是受到從後方而來的排斥力，再加上來自前方的吸引力所推動。減速時的情況就剛好相反，會受到後方的吸引力，再加上前方而至的排斥力所牽引。

S N S N S N S N S N S N S
向前吸
N
S
向前推
S
N
N S N S N S N S N S N S N

漫畫◎李少棠　上色協力◎周嘉詠
劇本◎《兒童的科學》創作組

就這裏吧！
這餐廳很怪呢，
一個人都沒有，
還是走吧？
不要，
走了那麼久，
我已餓壞了！
我要吃最愛的
菲力牛扒！
哇，這是甚麼？

請按下與
菲力牛扒相應
的部位。
我怎知是
哪個啊？
隨便吧！
嗶！
答錯！
嗖－
菲力 (Tenderloin) 位於
腰脊部 (Loin) 中心，是整頭牛
產量最少、最昂貴的肉。
當中幾乎全是瘦肉，
也沒有筋，十分嫩滑。
菲力因沒油脂，所以
味道較淡，烹調時要
多放些香料！
你是誰？

我是這裏的老闆
兼大廚，來自C星
的C廚神！
要吃美味的牛肉，
選擇部位不容馬虎。
答錯的人……
嗟！
沒資格留下！
大剛！
哇呀！
嗖！
我會用十年教他
知識，讓他成為世上
最了解牛肉的人！
不是
吧？
求你放過他
好嗎？
那就看你們
有沒有本事了。
即是怎樣？
嗟！

只要找出這三種
食材，我就放過
你們的朋友。
啪！
我跟小Q
學了不少東西，
一定沒問題！
1 肉眼
肉眼……
對了！
我知道它在哪裏！
小松！
他真的知道嗎？

中學？
找到啦！
我聽說中學課程有解剖牛眼實驗。
看，它們都連着肉的！
噫呀！
肉眼不是牛的眼睛啊！
不……不是嗎？
板腱 Top Blade
中間有一條筋，增加口感，肉質結實。
肉眼 Ribeye
中間的大片白色油脂如眼，牛味十足，有嚼勁。
紐約克 Strip Loin
是肉眼的延伸，肉質和味道較平衡。
西冷 Sirloin
位於後腰部，肉味濃、有彈性。
後臀肉Knuckle
肉質結實，適合薄切或低溫烹調。
翼板 Chuck Flap
稱為「霜降」，肉味濃又較嫩滑。
牛腩 Brisket
腹部鬆軟的肌肉，在香港很常見。
牛腱(前後)Shank
俗稱「牛展」，含大量肌肉纖維，常用於中菜。
牛肋條 Rib Fingers
肋骨，多用於烹煮牛肉湯，增添牛味。
牛小排 Short Ribs
即牛仔骨，取自約第6至8條肋骨。
胸腹肉Short Plate
肉質偏硬、多油脂和骨膠原，較適合燜煮。
菲力 Tenderloin
牛扒最嫩的部分，味道較清淡。
腹脅 Flank
味道重，肉質實硬，不能烹調得過熟。

超級市
晴晴你
懂得真多。
我們分頭行動
爭取時間吧。
那你去找肉眼，
我負責下一題！

是這個了！
肉眼

小松呢？

賣牛肉的都在
這邊……咦？

你怎麼在
蔬菜部的？
蔬菜
呃……

這有「瓜」字，
就來看看。
2 牛沙瓜
我們去找
專家解釋吧！
專家？
小朋友，
你們真幸運！
這是最後
一個了！
這就是
牛沙瓜？
甚麼來的？
即是牛胃
呀。

牛只有一個胃，
但分成四部分。

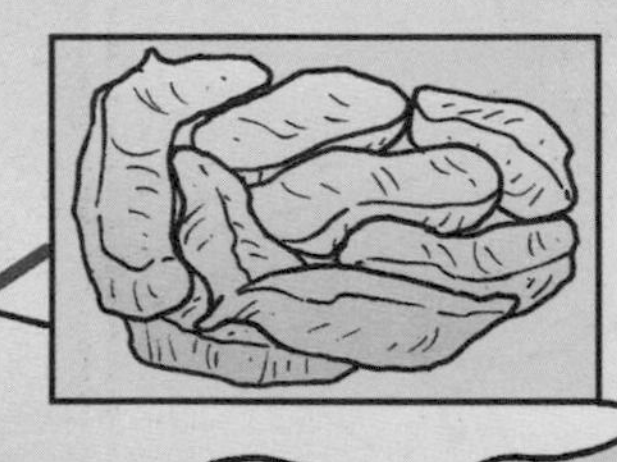

瘤胃（毛肚）
佔胃部80%，
表面有些毛狀組織，
住有大量微生物，
可分解植物纖維。

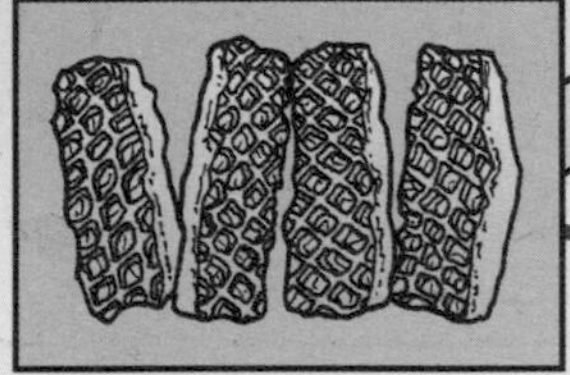

網胃（金錢肚）
會反復收縮，把難消化的食物推回食道反芻。這是餐廳最常見的部分。

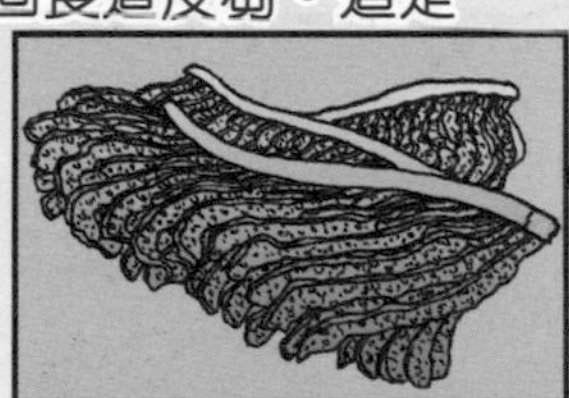

重瓣胃（牛栢葉）
未處理時呈灰黑色，
會篩選食物，把較大
的送回網胃。

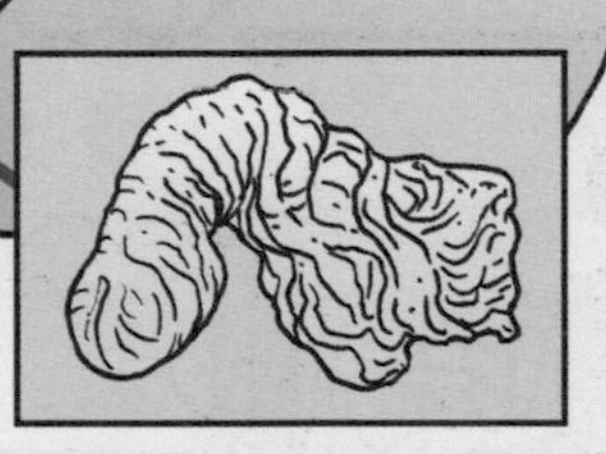

皺胃（牛沙瓜）
其功能跟人類
的胃一樣，
用於消化食物
吸收營養。

3 牛蒡

是牛「膀」，
我記得在麵店
吃過的！

老闆有賣
嗎？

那是牛的胰臟，
當然有！

（「蒡」與「膀」諧音。）

只要把食材交給C廚神，就可救回大剛了！
咻——
哇！
嘭！
你沒事吧？
嗚……
你們被騙啦！
Mr.A？
啪！
這不是牛膀，是植物的牛蒡！
3 牛蒡
植物？

牛蒡是菊科植物，屬食用蔬菜，
在亞洲常用其根部烹煮湯水或
做成沙律等食物。
在中醫方面，
其果實與根部
都可入藥。
你怎麼
來了？
我在餐廳遇到
那牛頭傢伙。
因答錯這題，
就被他困住了！
我千辛萬苦才
逃出來，還找到
真正的牛蒡！
你要替我
報仇！
謝謝你。
我們找到
所有食材了！
快放了
大剛！
嘿，做得不錯！
但我不會放人的！
甚麼？

難得你們通過測試，
就留下來做免費勞工！
你們這次
跑不掉了！
咔嚓！
這餐廳沒有
食肆牌照，
現在控告你
無牌經營！
你怎進來
的？
從後門。
不是吧？
小Q來得
真及時！
我也餓了，就去
吃牛扒慶祝吧！
咦，我們
好像忘了
甚麼？
小松！晴晴！
你們在哪呀？

~完~

訂戶換領店選擇

書報店

九龍區		店鋪代號
新城	匯景廣場 401C 四樓（面對百佳）	B002KL
偉華行	美孚四期 9 號舖（滙豐側）	B004KL

OK便利店

香港區	店鋪代號
西環德輔道西 333 及 335 號地下連閣樓	284
西環般咸道 13-15 號金寧大廈地下 A 號舖	544
干諾道西 82- 87 號及修打蘭街 21-27 號海景大廈地下 D 及 H 號舖	413
西營盤德輔道西 232 號地下	433
上環德輔道中 323 號西港城地下 11,12 及 13 號舖	246
中環閣麟街 10 至 16 號致發大廈地下 1 號舖及天井	188
中環民光街 11 號 3 號碼 頭 A,B & C 舖	229
金鐘花園道 3 號萬國寶通廣場地下 1 號舖	234
灣仔軒尼詩道 38 號地下	001
灣仔軒尼詩道 145 號安康大廈 3 號地下	056
灣仔灣仔道 89 號地下	357
灣仔駱克道 146 號地下 A 號舖	388
銅鑼灣駱克道 414, 418-430 號 偉德大廈地下 2 號舖	291
銅鑼灣堅拿道東 5 號地下連閣樓	521
天后英皇道 14 號僑興大廈地下 H 號舖	410
天后地鐵站 TIH2 號舖	319
炮台山英皇道 193-209 號英皇中心地下 25-27 號舖	289
北角七姊妹道 2,4,6,8 及 8A, 昌苑大廈地下 4 號舖	196
北角電器道 233 號城市花園 1, 2 及 3 座 平台地下 5 號舖	237
北角堡壘街 22 號地下	321
鰂魚涌海光街 13-15 號海光苑地下 16 號舖	348
太古康山花園第一座地下 H1 及 H2	039
西灣河筲箕灣道 388-414 號逢源大廈地下 H1 號舖	376
筲箕灣愛東商場地下 14 號舖	189
筲箕灣道 106-108 號地下 B 舖	201
杏花邨地鐵站 HFC 5 及 6 號舖	342
柴灣興華邨和興樓 209-210 號	032
柴灣地鐵站 CHW12 號舖 (C 出口)	300
柴灣小西灣道 28 號藍灣半島地下 18 號舖	199
柴灣小西灣邨小西灣商場四樓 401 號舖	166
柴灣小西灣商場地下 6A 號舖	390
柴灣康翠臺商場 L5 樓 3A 號舖及部份 3B 號舖	304
香港仔中心第五期地下 7 號舖	163
香港仔石排灣道 81 號兆輝大廈地下 3 及 4 號舖	336
香港華富商業中心 7 號地下	013
跑馬地黃泥涌道 21-23 號浩利大廈地下 B 號舖	349
鴨脷洲海怡路 18A 號海怡廣場 (東翼) 地下 G02 號舖	382
薄扶林置富南區廣場 5 樓 503 號舖 "7-8 號檔 "	264

九龍區	店鋪代號
九龍碧街 50 及 52 號地下	381
人角咀港灣豪庭地下 C10 號舖	247
深水埗桂林街 42-44 號地下 E 舖	180
深水埗富昌商場地下 18 號舖	228
長沙灣蘇屋邨蘇屋商場地下 G04 號舖	569
長沙灣道 800 號香港紗廠工業大廈一及二期地下	241
長沙灣道 868 號利豐中心地下	160
長沙灣長發街 13 及 13 號 A 地下	314
荔枝角道 833 號昇悅商場一樓 126 號舖	411
荔枝角地鐵站 LCK12 號舖	320
紅磡家維邨家義樓店號 3 及 4 號	079
紅磡機利士路 669 號昌盛金舖大廈地下	094
紅磡馬頭圍道 37-39 號紅磡商業廣場地下 43-44 號	124
紅磡鶴園街 2G 號恆豐工業大廈第一期地下 CD1 號	261
紅磡愛景街 8 號海濱南岸 1 樓商場 3A 號舖	435
馬頭圍村洋葵樓地下 111 號	365
馬頭圍新碼頭街 38 號翔龍灣廣場地下 G06 號舖	407
土瓜灣土瓜灣道 273 號地下	131
九龍城衙前圍道 47 號地下 C 單位	386
尖沙咀寶勒巷 1 號玫瑰大廈地下 A 及 B 號舖	169
尖沙咀科學館道 14 號新文華中心地下 50-53&55 舖	209
尖沙咀尖東站 3 號舖	269
佐敦佐敦道 34 號道興樓地下	451
佐敦地鐵站 JOR10 及 11 號舖	297
佐敦寶靈街 20 號寶靈大樓地下 A，B 及 C 舖	303
佐敦佐敦道 9-11 號高基大廈地下 4 號舖	438
油麻地文明里 4-6 號地下 2 號舖	316
油麻地上海街 433 號興華中心地下 6 號舖	417
旺角水渠道 22,24,28 號安豪樓地下 A 舖	177
旺角西海泓道富榮花園地下 32-33 號舖	182
旺角弼街 43 號地下及閣樓	208
旺角亞皆老街 88 至 96 號利豐大樓地下 C 舖	245
旺角亞皆老街 43P-43S 號鴻輝大廈地下 8 號舖	343
旺角洗衣街 92 號地下	419
旺角豉油街 15 號萬利商業大廈地下 1 號舖	446
太子道西 96-100 號地下 C 及 D 舖	268
石硤尾南山邨南山商場大廈地下	098
樂富中心 LG6(橫頭磡南路)	027
樂富港鐵站 LOF6 號舖	409
新蒲崗寧遠街 10-20 號渣打銀行大廈地下 E 號	353
黃大仙盈福苑停車場大樓地下 1 號舖	181
黃大仙竹園邨竹園商場 11 號舖	081
黃大仙龍蟠苑龍蟠商場中心 101 號舖	100
黃大仙地鐵站 WTS 12 號舖	274
慈雲山慈正邨慈正商場 1 平台 1 號舖	140
慈雲山慈正邨慈正商場 2 期地下 2 號舖	183
鑽石山富山邨富信樓 3C 地下	012
彩虹地鐵站 CHH18 及 19 號舖	259
彩虹村金碧樓地下	097
九龍灣德福商場 1 期 P40 號舖	198
九龍灣宏開道 18 號德福大廈 1 樓 3C 舖	215
九龍灣常悅道 13 號瑞興中心地下 A	395
牛頭角淘大花園第一期商場 27-30 號	026
牛頭角彩德商場地下 G04 號舖	428
牛頭角彩盈邨彩盈坊 3 號舖	366
觀塘翠屏商場地下 6 號舖	078
觀塘秀茂坪十五期停車場大廈地下 1 號舖	191
觀塘協和街 101 號地下 H 舖	242
觀塘秀茂坪寶達邨寶達商場二樓 205 號舖	218
觀塘物華街 19-29 號	575
觀塘牛頭角道 305-325 及 325A 號觀塘立成大廈地下 K 號	399
藍田茶果嶺道 93 號麗港城中城地下 25 及 26B 號舖	338
藍田匯景道 8 號匯景花園 2D 舖	385
油塘高俊苑停車場大廈 1 號舖	128
油塘邨鯉魚門廣場地下 1 號舖	231
油塘油麗商場 7 號舖	430

新界區	店鋪代號
屯門友愛村 H.A.N.D.S 商場地下 S114-S115 號	016
屯門置樂花園商場地下 129 號	114
屯門大興村商場 1 樓 54 號	043
屯門山景邨商場 122 號地下	050
屯門美樂花園商場 81-82 號地下	051
屯門青翠徑南光樓高層地下 D	069
屯門建生邨商場 102 號舖	083
屯門翠寧花園地下 12-13 號舖	104
屯門悅湖商場 53-57 及 81-85 號舖	109
屯門寶怡花園 23-23A 舖地下	111
屯門富泰商場地下 6 號舖	187
屯門屯利街 1 號華都花園第三層 2B-03 號舖	236
屯門海珠路 2 號海典軒地下 16-17 號舖	279
屯門啟發徑，德政圍，柏苑地下 2 號舖	292
屯門龍門路 45 號富健花園地下 87 號舖	299
屯門寶田商場地下 6 號舖	324
屯門良景商場 114 號舖	329
屯門蝴蝶村熟食市場 13-16 號	033
屯門兆康苑商場中心店號 104	060
天水圍天恩商場 109 及 110 號舖	288
天水圍天瑞路 9 號天瑞商場地下 L026 號舖	437
天水圍 Town Lot 28 號俊宏軒俊宏廣場地下 L30 號	337
元朗朗屏邨玉屏樓地下 1 號	023
元朗朗屏邨鏡屏樓 M009 號舖	330
元朗水邊圍邨康水樓地下 103-5 號	014
元朗谷亭街 1 號傑文樓地舖	105
元朗大棠路 11 號光華廣場地下 4 號舖	214
元朗青山道 218, 222 & 226-230 號富興大邨地下 A 舖	285
元朗又新街 7-25 號元朗新大廈地下 4 號及 11 號舖	325
元朗青山公路 49-63 號金豪大廈地下 E 號舖及閣樓	414
元朗青山公路 99-109 號元朗貿易中心地下 7 號舖	421
荃灣大窩口村商場 C9-10 號	037
荃灣中心第一期高層平台 C8,C10,C12	067
荃灣麗城花園第三期麗城商場地下 2 號	089
荃灣海壩街 18 號 (近福來村)	095
荃灣圓墩圍 59-61 號地下 A 舖	152
荃灣梨木樹村梨木樹商場 LG1 號舖	265
荃灣梨木樹村梨木樹商場 1 樓 102 號舖	266
荃灣德海街富利達中心地下 E 號舖	313
荃灣鹹田街 61 至 75 號石壁新村遊樂場 C 座地下 C6 號舖	356
荃灣青山道 185-187 號荃勝大廈地下 A2 舖	194
青衣港鐵站 TSY 306 號舖	402
青衣村一期停車場地下 6 號舖	064
青衣青華苑停車場地下舖	294
葵涌安蔭商場 1 號舖	107
葵涌石蔭東邨蔭興樓 1 及 2 號舖	143
葵涌邨第一期秋葵樓地下 6 號舖	156
葵涌盛芳街 15 號運芳樓地下 2 號舖	186
葵涌景荔徑 8 號盈暉家居城地下 G-04 號舖	219
葵涌貨櫃碼頭亞洲貨運大廈第三期 A 座 7 樓	116
葵涌華星街 1 至 7 號美華工業大廈地下	403
上水彩園邨彩華樓 301-2 號	018
粉嶺名都商場 2 樓 39A 號舖	275
粉嶺嘉福邨商場中心 6 號舖	127
粉嶺欣盛苑停車場大廈地下 1 號舖	278
粉嶺清河邨商場 46 號舖	341
大埔富亨邨富亨商場中心 23-24 號舖	084
大埔運頭塘邨商場 1 號店	086
大埔安邦路 9 號大埔超級城 E 區三樓 355A 號舖	255
大埔南運路 1-7 號富雅花園地下 4 號舖，10B-D 號舖	427
大埔墟大榮里 26 號地下	007
大圍火車站大堂 30 號舖	260
火炭禾寮坑路 2-16 號安盛工業大廈地下部份 B 地廠單位	276
沙田穗禾苑商場中心地下 G6 號	015
沙田乙明邨明耀樓地下 7-9 號	024
沙田新翠邨商場地下 6 號	035
沙田田心街 10-18 號雲疊花園地下 10A-C,19A	119
沙田小瀝源安平街 2 號利豐中心地下	211
沙田愉翠商場 1 樓 108 舖	221
沙田美田商場地下 1 號舖	310
沙田第一城中心 G1 號舖	233
馬鞍山耀安邨耀安商場店號 116	070
馬鞍山錦英苑商場中心低層地下 2 號	087
馬鞍山富安花園商場中心 22 號	048
馬鞍山頌安邨頌安商場 1 號舖	147
馬鞍山錦泰苑錦泰商場地下 2 號舖	179
馬鞍山烏溪沙火車站大堂 2 號舖	271
西貢海傍廣場金寶大廈地下 12 號舖	168
西貢西貢大廈地下 23 號舖	283
將軍澳翠琳購物中心店號 105	045
將軍澳欣明苑停車場大廈地下 1 號	076
將軍澳寶琳邨寶勤樓 110-2 號	055
將軍澳新都城中心三期都會豪庭商場 2 樓 209 號舖	280
將軍澳景林邨商場中心 6 號舖	502
將軍澳厚德邨商場 (西翼) 地下 G11 及 G12 號舖	352
將軍澳寶寧路 25 號富寧花園 商場地下 10 及 11A 號舖	418
將軍澳明德邨明德商場 19 號舖	145
將軍澳尚德邨尚德商場地下 8 號舖	159
將軍澳唐德街將軍澳中心地下 B04 號舖	223
將軍澳彩明商場擴展部份二樓 244 號舖	251
將軍澳景嶺路 8 號都會駅商場地下 16 號舖	345
將軍澳景嶺路 8 號都會駅商場 2 樓 039 及 040 號舖	346
大嶼山東涌健東路 1 號映灣園映灣坊地面 1 號舖	295
長洲新興街 107 號地下	326
長洲海傍街 34-5 號地下及閣樓	065

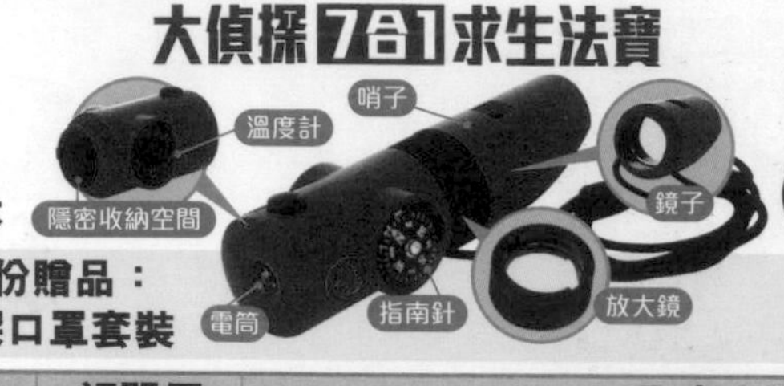

或

訂閱兒童的科學請在方格內打 ☑ 選擇訂閱版本

凡訂閱教材版 1 年 12 期，可選擇以下 1 份贈品：
☐大偵探 7 合 1 求生法寶　或　☐大偵探口罩套裝

訂閱選擇	原價	訂閱價	取書方法
☐**普通版**（書 半年 6 期）	~~$210~~	$196	郵遞送書
☐**普通版**（書 1 年 12 期）	~~$420~~	$370	郵遞送書
☐**教材版**（書 + 教材 半年 6 期）	~~$540~~	$488	OK便利店或書報店取書 請參閱前頁的選擇表，填上取書店舖代號→ ☐
☐**教材版**（書 + 教材 半年 6 期）	~~$690~~	$600	郵遞送書
☐**教材版**（書 + 教材 1 年 12 期）	~~$1080~~	$899	OK便利店或書報店取書 請參閱前頁的選擇表，填上取書店舖代號→ ☐
☐**教材版**（書 + 教材 1 年 12 期）	~~$1380~~	$1123	郵遞送書

訂戶資料

月刊只接受最新一期訂閱，請於出版日期前 20 日寄出。例如，想由 7 月號開始訂閱兒童的科學，請於 6 月 10 日前寄出表格。

訂戶姓名：# ____________ 性別：______ 年齡：______ 聯絡電話：# ____________

電郵：# ____________

送貨地址：# ____________

您是否同意本公司使用您上述的個人資料，只限用作傳送本公司的書刊資料給您？（有關收集個人資料聲明，請參閱封底裏）　# 必須提供

請在選項上打 ☑。　同意☐　不同意☐　簽署：____________ 日期：________年______月______日

付款方法

請以 ☑ 選擇方法①、②、③、④或⑤

☐ ① 附上劃線支票 HK$ ____________（支票抬頭請寫：Rightman Publishing Limited）

銀行名稱：____________ 支票號碼：____________

☐ ② 將現金 HK$ ____________ 存入 Rightman Publishing Limited 之匯豐銀行戶口（戶口號碼：168-114031-001）。
現把銀行存款收據連同訂閱表格一併寄回或電郵至 info@rightman.net。

☐ ③ 用「轉數快」（FPS）電子支付系統，將款項 HK$ ____________ 轉數至 Rightman Publishing Limited 的手提電話號碼 63119350，並把轉數通知連同訂閱表格一併寄回、WhatsApp 至 63119350 或電郵至 info@rightman.net。

正文社出版有限公司
Scan me to PayMe
PayMe HSBC

☐ ④ 用香港匯豐銀行「PayMe」手機電子支付系統內選付款後，掃瞄右面 Paycode，輸入所需金額，並在訊息欄上填寫①姓名及②聯絡電話，再按「付款」便完成。付款成功後將交易資料的截圖連本訂閱表格一併寄回；或 WhatsApp 至 63119350；或電郵至 info@rightman.net。

☐ ⑤ 用八達通手機 APP，掃瞄右面八達通 QR Code 後，輸入所需付款金額，並在備註內填寫❶ 姓名及❷ 聯絡電話，再按「付款」便完成。付款成功後將交易資料的截圖連本訂閱表格一併寄回；或 WhatsApp 至 63119350；或電郵至 info@rightman.net。

八達通 Octopus
八達通 App QR Code 付款

如用郵寄，請寄回：**「柴灣祥利街 9 號祥利工業大廈 2 樓 A 室」《匯識教育有限公司》訂閱部收**

收貨日期

本公司收到貨款後，您將於以下日期收到貨品：

- 訂閱兒童的科學：每月 1 日至 5 日
- 選擇「OK便利店 / 書報店取書」訂閱兒童的科學的訂戶，會在訂閱手續完成後兩星期內收到換領券，憑券可於每月出版日期起計之 14 天內，到選定的 OK便利店 / 書報店取書。

填妥上方的郵購表格，連同劃線支票、存款收據、轉數通知或「PayMe」交易資料的截圖，寄回「柴灣祥利街 9 號祥利工業大廈 2 樓 A 室」匯識教育有限公司訂閱部收、WhatsApp 至 63119350 或電郵至 info@rightman.net。

除了寄回表格，也可網上訂閱！

兒童的科學 NO.218

請貼上
HK$2.2郵票
(只供香港
讀者使用)

香港柴灣祥利街9號
祥利工業大廈2樓A室
兒童的科學 編輯部收

有科學疑問或有意見、
想參加開心禮物屋，
請填妥問卷，寄給我們！

大家可用
電子問卷方式遞交

▼請沿虛線向內摺

請在空格內「✔」出你的選擇。

我購買的版本為：01☐實踐教材版 02☐普通版

*給編輯部的話

*開心禮物屋：我選擇的禮物編號

*我的科學疑難/我的天文問題：

*本刊有機會刊登上述內容以及填寫者的姓名。

有關今期內容

Q1：今期主題：「老虎生態大搜查」

03☐非常喜歡 04☐喜歡 05☐一般 06☐不喜歡 07☐非常不喜歡

Q2：今期教材：「老虎骨模型」

08☐非常喜歡 09☐喜歡 10☐一般 11☐不喜歡 12☐非常不喜歡

Q3：你覺得今期「老虎骨模型」容易組裝嗎？

13☐很容易 14☐容易 15☐一般 16☐困難

17☐很困難（困難之處：＿＿＿＿＿＿＿＿） 18☐沒有教材

Q4：你有做今期的勞作和實驗嗎？

19☐彈射太空桶 20☐實驗：基因抽牌遊戲

請沿實線剪下

請沿實線剪下

問卷

請以膠水封口

讀者檔案

#必須提供

#姓名：	男 女	年齡：	班級：
就讀學校：			
#居住地址：			
	#聯絡電話：		

你是否同意，本公司將你上述個人資料，只限用作傳送《兒童的科學》及本公司其他書刊資料給你？（請刪去不適用者）

同意/不同意 簽署：____________________ 日期：________年____月____日

（有關詳情請查看封底裏之「收集個人資料聲明」）

讀者意見

A 科學實踐專輯：從武松看老虎世界

B 海豚哥哥自然教室：人生必做的事——考察中華白海豚

C 科學DIY：彈射太空桶

D 科學實驗室：是男？是女？西遊記之基因小遊戲

E 大偵探福爾摩斯科學鬥智短篇：I英鎊謀殺案(2)

F 讀者天地

G 地球揭秘：外來入侵物種的威脅

H 爬蟲地帶：認識守宮

I 活動資訊站

J 數學偵緝室：機率遊戲

K 天文教室：掩星（下）——星星不見了

L 科技新知：斑馬條紋發電！

M 曹博士信箱：磁浮列車高速行駛的原理是甚麼？

N 科學Q&A：牛牛大作戰

＊請以英文代號回答**Q5**至**Q7**

Q5. 你最喜愛的專欄：

第 1 位 21________ 第 2 位 22________ 第 3 位 23________

Q6. 你最不感興趣的專欄：24________ 原因：25________

Q7. 你最看不明白的專欄：26________ 不明白之處：27________

Q8. 你從何處購買今期《兒童的科學》？

28☐訂閱 29☐書店 30☐報攤 31☐便利店 32☐網上書店

33☐其他：________

Q9. 你有瀏覽過我們網上書店的網頁www.rightman.net嗎？

34☐有 35☐沒有

Q10. 你閒暇時會做甚麼？(可選多於一項)

36☐做補充練習 37☐看課外書 38☐家庭補習 39☐自修

40☐休息 41☐玩電腦、手機遊戲 42☐看電影 43☐瀏覽互聯網

44☐看動漫畫 45☐其他，請註明：________

Q11. 你每日花多少時間看課外書？

46☐少於1小時 47☐1-2小時 48☐2-3小時 49☐3小時以上

50☐沒有看課外書，原因：________

請以膠水封口